轨道交通车辆产品
环保常用标准与技术方法研究

李人哲 钟 源 关玲玲 曹新荣 等◎编

中国铁道出版社有限公司

2024年·北京

图书在版编目(CIP)数据

轨道交通车辆产品环保常用标准与技术方法研究/李人哲等编.—北京:中国铁道出版社有限公司,2024.12
ISBN 978-7-113-28905-8

Ⅰ.①轨… Ⅱ.①李… Ⅲ.①轨道车-机车车辆工业-环境保护-标准体系-研究 Ⅳ.①X76-65

中国版本图书馆 CIP 数据核字(2022)第 036498 号

书　　名：	轨道交通车辆产品环保常用标准与技术方法研究
作　　者：	李人哲　钟　源　关玲玲　曹新荣　等

策　　划：	刘　霞	
责任编辑：	黎　琳	编辑部电话：(010)51873674
封面设计：	刘　莎	
责任校对：	安海燕	
责任印制：	高春晓	

出版发行：	中国铁道出版社有限公司(100054,北京市西城区右安门西街 8 号)
网　　址：	https://www.tdpress.com
印　　刷：	河北京平诚乾印刷有限公司
版　　次：	2024 年 12 月第 1 版　2024 年 12 月第 1 次印刷
开　　本：	880 mm×1 230 mm　1/32　印张：5.625　字数：154 千
书　　号：	ISBN 978-7-113-28905-8
定　　价：	68.00 元

版权所有　侵权必究

凡购买铁道版图书,如有印制质量问题,请与本社读者服务部联系调换。电话:(010)51873174
打击盗版举报电话:(010)63549461

前　　言

自 2008 年我国第一条具有自主知识产权的高速铁路——京津城际铁路开通运营以来,中国高速铁路的发展便步入了快车道。随着"走出去"步伐加快与"一带一路"倡议的深度融合,中国高铁不仅为国内陆路贸易的拓展铺平了道路,也为国际合作与交流搭建了桥梁。目前,中国铁路装备产品已经远销 30 多个国家和地区,包括美国、南非、欧盟、加拿大等,这标志着中国高铁在国际舞台上迎来了前所未有的机遇。然而,机遇总是与挑战并存,中国高铁作为国际市场的参与者,尽管技术日益成熟,但品牌影响力尚待提升,短时间内难以在国际市场上获得广泛认可。此外,中国标准与国际标准之间存在差异,大多数国家采用的是欧洲标准,完全按照中国标准建设的高铁项目不多。为了成功进入海外市场,我们的轨道交通车辆产品必须满足目的国的严格要求,其中产品的环保属性是影响绿色贸易壁垒的关键因素。

在这一背景下,深入梳理和解读国内外轨道交通产品环保要求,构建一个全面而系统的专业知识框架,对于提升轨道车辆产品的安全性、增强市场竞争力、降低贸易壁垒风险,以及服务国家重大战略需求具有至关重要的意义。

本书本着合理、实用的原则,秉承中国铁路行业的绿色环保和可持续发展理念,将国内外轨道交通车辆产品环保的政策要求与实践应用相结合,形成了一个全面而系统的知识框架。全书共分为6章,第1章至第3章分别从国际环保公约、国外法规、国内标准等三个维度,详细梳理了挥发性有机物和禁限用物质(有害物质)的管控要求;第4章介绍了相关法规与标准的测试执行,包括测试样品的准备、测试方法及原理、结果评判方法;第5章则详细解读了检测报告与符合性声明,结合实际应用案例,阐明了格式要求、相关术语、注意事项等;第6章则展示了编者所在技术团队在轨道交通车辆环保领域的研究成果,分享了部分研究方法与成果。各章节既相互独立,又相互关联,旨在提高相关行业人员对环保法规政策的认知与理解,指导实际应用。

本书由中车株洲电力机车有限公司大功率交流传动电力机车系统集成国家重点实验室李人哲、钟源、曹新荣,以及华测检测认证集团股份有限公司关玲玲主编,华测检测认证集团股份有限公司刘腾、沈辉、凌霞参编,全书由李人哲和钟源统稿。

在本书编写过程中,广泛引用了国内外相关法规、标准和文献,在此向所有相关单位和作者表示衷心的感谢。同时,密切关注了国内外环保技术的最新进展,但由于编者时间和学识水平所限,书中可能存在疏漏之处,恳请读者批评指正。

编 者

2024年10月

目 录

1 国际环保公约 …………………………………………………………… 1
　1.1 《里约宣言》 ……………………………………………………… 2
　1.2 《斯德哥尔摩公约》 ……………………………………………… 3
　1.3 《维也纳公约》 …………………………………………………… 5
　1.4 《蒙特利尔议定书》 ……………………………………………… 7
　1.5 《京都议定书》 …………………………………………………… 10
　1.6 《巴黎协定》 ……………………………………………………… 11

2 国外法规与要求 ………………………………………………………… 13
　2.1 欧盟 ………………………………………………………………… 14
　2.2 美国 ………………………………………………………………… 35
　2.3 加拿大 ……………………………………………………………… 42
　2.4 日本 ………………………………………………………………… 44
　2.5 新加坡 ……………………………………………………………… 48
　2.6 澳大利亚 …………………………………………………………… 49

3 国内标准与要求 ………………………………………………………… 52
　3.1 TB/T 3139 ………………………………………………………… 52
　3.2 禁限用物质管控 …………………………………………………… 57
　3.3 挥发性有机物管控 ………………………………………………… 64

4 法规与标准的测试执行 ………………………………………………… 82
　4.1 国内要求 …………………………………………………………… 83
　4.2 国外要求 …………………………………………………………… 112

5 报告和声明 ·· 119
5.1 报告解读 ·· 119
5.2 产品声明 ·· 122
6 环保研究方向 ·· 128
6.1 挥发性有机物研究 ·· 128
6.2 气味研究 ·· 134
6.3 禁限用物质管控研究 ·· 137
附　表 ·· 142
参考文献 ·· 170

1 国际环保公约

20世纪70年代以来,为了保护生态环境和人类的健康,国际社会组织颁布了很多环保公约,从陆地到海洋,从人类到动物,从土壤到大气,内容非常广泛。这不仅影响与环境和健康相关的产品的生产和销售,同时还影响需要达到一定安全、卫生、防污、低碳等标准的工业制品的产业发展。现今,中国制造业实现了长足发展,大批制造企业茁壮成长,并开始参与国际竞争,不少企业已经具备了在国际市场站稳脚跟的实力,在这其中,以高铁为代表的中国铁路已成为中国制造的"亮丽名片"。但高速发展的同时,同样也面临着自然资源的消耗,生态环境的影响等问题,为了人类更好地生存与发展,绿色环保与可持续发展是我们持续追求和攻克的目标。我们需要加强环境保护的国际合作,在跨界污染防治、核损害防控、气候变化、生物多样性等方面增强与国际组织、机构和其他国家之间的合作,共同推动全球环境改善与治理,共建人类命运共同体。

迄今与环境保护有关的公约多达上百个,本章以对国际贸易有重要影响的公约为重点,阐释其提出的背景和相关要求。基于公约侧重点区分为两个方向:一是以环境与发展为主线,包括《里约宣言》《斯德哥尔摩公约》;二是以气候变化为主线,如图1-1所示,包括《维也纳公约》《蒙特利尔议定书》《京都议定书》《巴黎协定》。

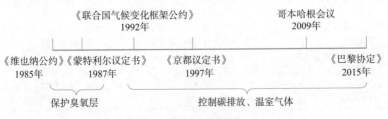

图1-1 环保相关国际公约

1.1 《里约宣言》

1.1.1 宣言简介

《里约环境与发展宣言》,简称《里约宣言》,于 1992 年 6 月 14 日在巴西里约热内卢召开的联合国环境与发展大会上通过。该宣言旨在为各国在环境与发展领域采取行动和开展国际合作提供指导原则,规定一般义务。它是一个规范国际环境行为准则的纲领性文件,十分明确地确认了可持续发展的观点,并在联合国范围内第一次承认了发展的权利,以最终寻求将环境与发展结合起来。《里约宣言》确认各国有责任保证在本国境内的所有活动不破坏他国环境。

1.1.2 宣言主体

《里约宣言》又称"地球宪章",由序言和 27 项原则所组成,如图 1-2 所示。序言说明了大会举行的时间、地点和通过该宣言的目的等。原则 1 至原则 3,宣布了人类享有环境权,各国享有自然资源的主权和发展权;原则 4 至原则 21,分别规定了国际社会和各个国家在保护环境和实现可持续发展方面应采取的各项措施;原则 22 和原则 23,是关于土著居民及受压迫、统治和占领的人民,环境权益要加以特殊保护的规定;原则 24 至原则 26,是关于战争、和平与环境和发展关系的规定;原则 27 呼吁各国人民应诚意地本着伙伴精神,合作实现本宣言所体现的各项原则,并促进可持续发展方面国际法的进一步发展。

1	人类的角色	10	公众参与	19	事先和及时通知
2	国家主权	11	国家环境立法	20	妇女具有重大作用
3	发展权	12	支持和开放的国际经济体系	21	青年动员
4	环境保护的发展进程	13	受害者提出污染和环境损害的赔偿	22	土著人民具有重大作用
5	消除贫困	14	国家合作,防止对环境的倾销	23	压迫下的人民
6	优先考虑最不发达国家	15	预防原则	24	战争
7	国家合作,以保护生态系统	16	国际化的环境成本	25	和平、发展和保护环境
8	减少不可持续的生产和消费模式	17	环境影响评估	26	解决环境争端
9	可持续发展建筑	18	自然灾害通报	27	合作的国家和人民

图 1-2 《里约宣言》27 条原则

1.2 《斯德哥尔摩公约》

1.2.1 公约由来

早在20世纪60年代,蕾切尔·卡森在《寂静的春天》中就呼吁人类关注双对氯苯基三氯乙烷(DDT)等有机氯农药的影响,警告人类行为的后果可能是没有鸟鸣声的寂静未来。此书一经出版立刻轰动全美,人们才知道有一类污染物叫"持久性有机污染物";从此,各方专家才开始研究持久性有机污染物,当发现其危害严重时,美国于1972年开始在全国范围内禁止使用DDT。之后,《生物多样性保护公约》《臭氧层保护公约》《联合国气候变化框架条约》等国际公约依次诞生,各国政府开始更多地关注环境保护,积极开展环境保护的各项工作。

2001年5月23日,114个国家和地区在瑞典斯德哥尔摩签署了《有关持久性有机污染物的斯德哥尔摩公约》(以下简称《斯德哥尔摩公约》),要求在全球范围内采取行动控制和削减12种主要持久性有机污染物。该公约于2004年5月17日生效,它是继1987年《保护臭氧层的维也纳公约》和1992年《联合国气候变化框架公约》之后,第三个具有强制性减排要求的国际公约,是国际社会对有毒化学品采取有限控制行动的重要步骤。《斯德哥尔摩公约》规定了首批消除的12种持久性有机污染物,这一清单是开放性的,会按照筛选程序和标准进行扩充。

1.2.2 公约目标

公约铭记《里约宣言》中原则15确立的预防原则,以保护人类健康和环境免受持久性有机污染物的危害为目标,包括以下主要措施:

(1)禁止或严格限制故意制造的持久性有机污染物的生产和使用。

(2)限制有意生产的持久性有机污染物的进出口。

(3)关于安全处理库存的规定。

(4)关于对含有持久性有机污染物的废物进行无害环境处置的规定。

(5) 关于减少无意生产的持久性有机污染物(例如二噁英和呋喃)排放的规定。

1.2.3 管控物质

公约管控的物质按照其用途和存放的方式分为三大类:农药类如DDT,工业化学品如多氯联苯(PCBs),工业过程意外副产品如二噁英。它们依据管控措施和要求的不同,分别列入公约附件A(附表1)、公约附件B(附表2)、公约附件C(附表3)。

(1) 对于附件A中的持久性有机污染物(persistent organic pollutants, POPs)化学品,缔约方必须采取措施,消除其生产和使用,但缔约方申请并获准列明的生产或使用此类物质的特定豁免除外。

(2) 缔约方必须采取措施,限制生产和使用公约附件B所列并规定了认可用途和特定豁免的化学品。

(3) 缔约方必须采取措施,减少公约附件C所列化学品的无意排放,以实现不断最小量化直至最终消除的目标。

1.2.4 POPs相关公约

《斯德哥尔摩公约》与《管理危险废物越境转移和处置的巴塞尔公约》(以下简称《巴塞尔公约》)以及《国际贸易某些危险化学品和杀虫剂事先通知同意程序鹿特丹协议》(以下简称《鹿特丹协议》)一起构成了联合国环境规划署(UNEP)支持下的对危险化学品完整生命周期管理的国际合作框架,表1-1列出了三个公约的区别。

表1-1 POPs相关三大公约

公约名称	区 别
《斯德哥尔摩公约》	对POPs物质进行识别,审议哪些化学品为POPs物质,并对其规制,规定缔约方的强制减排义务,制定国家实施行动计划,以减少排放最终消除POPs
《巴塞尔公约》	针对危险化学品、农药,其中包含若干类POPs物质,对这些污染物的越境转移进行控制,对污染物的无害化处置进行规制,强调靠近污染来源地对污染物进行处置

续上表

公约名称	区别
《鹿特丹协议》	促进各缔约方在危险化学品和农药间的国际贸易中的信息交流,在贸易中分担责任,开展合作,对进出口实行事先知情同意制度,有利于信息共享,共同防范污染物

1.3 《维也纳公约》

1.3.1 消耗臭氧层物质

消耗臭氧层物质(ozone depleting substances,ODS)主要包含以下类别:全氯氟烃(CFC)、氟溴烃(Halon)、四氯化碳、甲基氯仿、含氢氯氟烃(HCFC)、含氢溴氟烃、溴氯甲烷、甲基溴等,其在臭氧作用下的转化过程如图1-3和图1-4所示。ODS可被广泛应用于灭火剂、喷雾剂、泡沫行业、空调和冰箱制冷、烟草和清洗行业等。臭氧消耗会使表面UV-B辐射增加到自然产生的量以上。过度暴露于UV-B也会损害陆地植物的生命,包括农作物,单细胞生物和水生生态系统。此外,低能紫外线辐射UV-A未被臭氧层大量吸收,会导致皮肤过早老化。

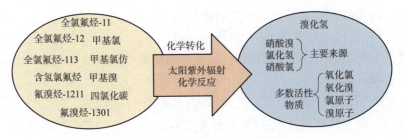

图1-3 平流层含卤素气体转化示意

1.3.2 公约的签订

1985年,28个国家在维也纳签署《保护臭氧层的维也纳公约》(以下简称《维也纳公约》)。签署国同意研究和监测人类活动对臭氧层的

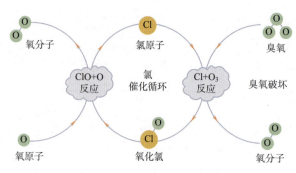

图 1-4 臭氧破坏循环示意

影响,并采取具体行动防止可能对臭氧层产生不利影响的活动。该公约于 1988 年 9 月 22 日正式生效。这是一项框架协议,不包含法律约束的控制和目标,旨在鼓励和支持政府间研究和有计划地检测臭氧层、监督臭氧破坏物质的生产和信息交流合作。《维也纳公约》没有要求各国采取具体行动控制消耗臭氧层物质,具体行动由《蒙特利尔议定书》阐明。

1.3.3 公约要求

1. 一般义务

各缔约方应在其能力范围内执行的一般义务如下:

(1)通过系统观测、研究和资料交换从事合作,以期更好地了解和评价人类活动对臭氧层的影响,以及臭氧层的变化对人类健康和环境的影响。

(2)采取适当的立法和行政措施,从事合作,协调适当的政策,以便在发现其管辖或控制范围内的某些人类活动已经或可能改变臭氧层而造成不利影响时,对这些活动加以控制、限制、削减或禁止。

(3)从事合作,制定执行本公约的商定措施、程序和标准,以期通过议定书和附件。

(4)同有关的国际组织合作,有效地执行它们加入的本公约和议定书。

2. 研究和科学评价内容

各缔约方承诺酌情直接或通过主管国际机构就下列问题发起并合作进行研究和科学评价:

(1)可能影响臭氧层的物理和化学过程。

(2)臭氧层的任何变化所造成的人类健康影响和其他生物影响,特别是具有生物后果的紫外线太阳辐射的变化所造成的影响。

(3)臭氧层的任何变化所造成的气候影响。

(4)臭氧层的任何变化及其引起的紫外线辐射变化对人类有用的自然及合成物质所造成的影响。

(5)可能影响臭氧层的物质、做法、过程和活动,以及其累积影响。

(6)备选物质和技术。

(7)相关的社会经济因素。

1.4 《蒙特利尔议定书》

1.4.1 签订背景

联合国环境规划署在 1987 年组织召开了"保护臭氧层公约关于含氯氟烃议定书全权代表大会",26 个国家于 9 月 16 日在加拿大蒙特利尔市签署了《关于消耗臭氧层物质的蒙特利尔议定书》(以下简称《蒙特利尔议定书》)。

该议定书是一项全球协议,规定了一系列切实可行的任务,旨在通过逐步淘汰大部分消耗臭氧层化学物质的消费和生产来保护地球的臭氧层。它的签署具有里程碑式的意义。

1.4.2 重要修正

《蒙特利尔议定书》又称作《蒙特利尔公约》,承续 1985 年《维也纳公约》的大原则,确定了主要消耗臭氧层物质淘汰时间表,使全球保护臭氧层迈出实质性的步伐。该公约自 1989 年 1 月 1 日起生效。截至 2024 年 2 月份,其修订历程见表 1-2。

表 1-2 《蒙特利尔议定书》修订历程

重要时间点	主要内容
1987年《蒙特利尔议定书》	受控物质仅包括附件中的两组,即第一组5种CFCs,和第二组3种Halon
1990年《伦敦修正案》	(1)增加了四组新的受控物质,包括附件B的四氯化碳和甲基氯仿及10种其他全氯氟烃。 (2)附件C的34种含氢氯氟烃,定义为过渡性物质。 (3)规定了其他几组新物质的淘汰时间表
1992《哥本哈根修正案》	(1)增加了三组新的受控物质,40种含氢氯氟烃,含氢溴氟烃、甲基溴,规定了这几种物质的淘汰时间表。 (2)提前CFCs、CTC、TCA、Halon的淘汰时间
1997年《蒙特利尔修正案》	(1)建立受控物质进出口许可证制度。 (2)禁止缔约方和非缔约方之间甲基溴贸易
1999年《北京修正案》	(1)增加了受控物质即溴氯甲烷。 (2)规定2002年起各缔约方禁止此种物质生产和消费
2016年《基加利修正案》	逐步淘汰氢氟碳化合物的消费和生产

1.4.3 议定书要求

1. 控制措施

《蒙特利尔议定书》的第二条规定了对消耗臭氧层物质的控制措施,并且在以后历次修正案中,《蒙特利尔议定书》对消耗臭氧层物质的控制措施一直在逐步地调整和加强。

控制范围包含受控物质和依赖受控物质的产品,相关产品如议定书附件D所列:空调器、冰箱、气溶胶产品、灭火器、绝热板和预聚物。

具体实施要求:按照每组物质,明确了详细的控制和淘汰计划。以氟氯烃为例,在最初的《蒙特利尔议定书》中,对氟氯烃的生产控制如下,从1987年到1992年,氟氯烃每年的生产的计算水平与1986年的水平相比不得超过110%;从1993年到1994年及以后的每年,每年的生产水平不得超过1986年的生产水平的80%。在1990年《伦敦修正案》中又增加了对几种氟氯烃以及制造氟氯烃的四氯化碳的调整范围,加速了氟氯烃及氟溴烃的停用,修正案规定发展中国家继续对消耗臭氧层物质的控制享有宽限期。1992年哥本哈根会议上又规定了新的停用期限,即1996年完全停用氟氯烃。

《蒙特利尔议定书》规定的控制措施对应物质如下:

(1)附件A第一类:氟氯化碳(CFC-11、CFC-12、CFC-113、CFC-114和CFC-115)。

(2)附件A第二类:氟溴烃(氟溴烃-1211、氟溴烃-1301和氟溴烃-2402)。

(3)附件B第一类:其他全卤化氟氯化碳(CFC-13、CFC-111、CFC-112、CFC-211、CFC-212、CFC-213、CFC-214、CFC-215、CFC-216、CFC-217)。

(4)附件B第二类:四氯化碳。

(5)附件B第三类:1,1,1-三氯乙烷(甲基氯仿)。

(6)附件C第一类:氟氯烃(消费)。

(7)附件C第一类:氟氯烃(生产)。

(8)附件C第二类:氯溴烃。

(9)附件C第三类:氯溴甲烷。

(10)附件E第一类:甲基溴。

(11)附件F:氢氟碳化物。

2. 控制数量的计算

(1)生产量的计算方法:将每一种受控物质的每年生产量乘以附件A、附件B、附件C或附件E内所载该物质的消耗臭氧潜能值;就每一类物质,将乘积加在一起。

(2)进口量和出口量,计算方法与生产量计算叙述的方法相同。

(3)消费量,计算方法是将其按照以上生产量和进出口量两项确定的生产的计算数量加上进口的计算数量,再减去其出口的计算数量。不过,从1993年1月1日起,在计算出口缔约方的消费量时,不应再减去向非缔约方出口的受控物质数量。

1.5 《京都议定书》

1.5.1 议定书的由来

1992年,联合国里约环境与发展大会通过《联合国气候变化框架公约》(UNFCCC,简称《公约》),在《公约》中,"共同但有区别责任"这一原则首次得到确立。该《公约》于1994年3月21日正式生效,是全球应对气候变化问题的第一个国际性条约,也是最重要、最基础性的国际公约。然而《公约》只是一个框架性公约,并未对缔约方规定具体明确的、实质性的减排义务,这为《京都议定书》的出台埋下了伏笔。

1997年12月,在日本京都举行的《公约》第三次缔约方大会上,通过了《京都议定书》。它是人类历史上第一个具有法律约束力的全球气候治理文件,规定了发达国家和发展中国家缔约方各自应承担的责任和义务。但是,由于各缔约方之间对于责任界定、承担义务等方面的讨论一直不断,致使该议定书于2005年2月16日才正式生效。

1.5.2 议定书目标和要求

《京都议定书》是与《公约》相关的国际协议。它以《公约》的原则和条款为基础,并遵循其以附件为基础的结构,意识到发达国家对当前大气中高水平的温室气体排放负有主要责任,因此依据"共同但有区别责任"的原则对发达国家提出了较多的责任和限制,以约束其温室气体排放。简而言之,《京都议定书》通过承诺工业化国家根据商定的目标限制和减少温室气体(GHG)的排放,将《公约》付诸实施,具体目标如下:

(1)在第一个承诺期内,有37个工业化国家和欧洲共同体承诺,参照1990年水平,将温室气体排放量减少5%。

(2)在第二个承诺期内,缔约方承诺在2013年至2020年的8年间,温室气体排放量比1990年的水平至少减少18%。

1.5.3 议定书机制

《京都议定书》为各缔约方制定了减排标准,同时也建立了基于市场活动的三个灵活机制,即联合履约(JI)、清洁发展机制(CDM)以及排放贸易(ET)。这三种灵活机制旨在通过利用市场力量来推动绿色投资,从而实现有效减排。

(1)联合履约是指发达国家之间通过项目级的合作,其所实现的减排单位(ERU)可以转让给另一发达国家缔约方,但是同时必须在转让方的"分配数量"(AAU)配额上扣减相应的额度。

(2)清洁发展机制是指发达国家通过提供资金和技术的方式,与发展中国家开展项目级的合作,通过项目所实现的"经核证的减排量"用于发达国家缔约方完成在议定书第三条下的承诺。

(3)排放贸易是指一个发达国家,将其超额完成减排义务的指标,以贸易的方式转让给另外一个未能完成减排义务的发达国家,并同时从转让方的允许排放限额上扣减相应的转让额度。

《京都议定书》还建立了严格的监测,审查和核查制度以及履约制度,以确保执行的透明度,并要求缔约方承担责任。根据该议定书,各国的实际的温室气体排放量必须进行监测,同时必须保存进行交易的准确记录。

1.6 《巴黎协定》

1.6.1 协定背景

2015年12月12日于巴黎举行的第21届联合国气候变化大会(COP21)上,《公约》缔约方达成了一项具有里程碑意义的协议——《巴黎协定》,以应对气候变化,并加快和加强可持续低碳未来所需的行动和投资。2016年4月22日,在《巴黎协定》开放签署的首日,共有175个国家签署《巴黎协定》,创下了国际协定开放首日签署国家数量最多纪录。在大会举行期间,有184个国家向巴黎气候变化大会提交了应对气候变化的国家自主贡献,这些国家的碳排放量涵盖了全球碳排放总量的97.9%。

1.6.2 协定要素

《巴黎协定》以《公约》为基础,首次使所有国家达成一个共同的事业,以应对气候变化及其带来的影响。它为全球气候工作开辟了新的道路。协定决议部分包含六大方面内容,正式协定中涉及 29 个条款,聚焦于《公约》基本原则、三项长期目标、"自主贡献+盘点"等主要问题,确定了指导未来行动的原则和框架。

协定的执行将按照不同的国情体现平等以及共同但有区别的责任和各自能力的原则,旨在实现以下目标:

(1)把全球平均气温升幅控制在工业化前水平以上低于 2 ℃ 之内,并努力将气温升幅限制在工业化前水平以上 1.5 ℃ 之内。

(2)提高适应气候变化不利影响的能力并以不威胁粮食生产的方式增强气候抗御力和温室气体低排放发展。

(3)使资金流动符合温室气体低排放和气候适应型发展的路径。

《巴黎协定》要求所有缔约方通过"国家自主贡献"(NDCs)尽最大努力,并在今后的几年中加强这些努力。这包括要求所有缔约方定期报告其排放量和执行情况的要求。每五年将进行一次全球盘点,以评估在实现协定目标方面的集体进展,并为缔约方采取进一步的行动提供依据。

2 国外法规与要求

随着科技的不断进步和发展,绿色环保观念逐渐深入人心,世界范围内的工业、农业、服务业等都在进行着轰轰烈烈的绿色革命。随之而来的是各国各类环保法律法规的出台和更新,轨道交通产业在这场大范围的绿色革命中,面临着方方面面的挑战,充分理解不同国家和地区的管控要求,确保相应产品的合规性至关重要。

欧盟的环保政策大多是以法律法规的形式来颁布,这意味着欧盟的环保政策不单独针对某个行业而是所有行业领域都应该严格遵守。然而不同法规侧重点、管控对象、管控方式并不相同。如:REACH法规对进入欧盟市场的所有化学品进行预防性管理;RoHS指令限制电子电气产品中使用特定有害物质;POPs法规管控的对象也是具体化学品;消耗臭氧层物质法规则是对该类物质的生产、进出口、销售、使用、回收、循环使用、再生和销毁提出了逐步淘汰和控制使用要求;UNIFE指南文件则是其协会组织根据已颁布的REACH法规,和RoHS指令等,在轨道交通行业制定的可执行的通用管控要求。美国的环保法规分联邦和各州的两个层面,联邦层面以《美国有毒物质控制法案》为主,管控进入美国市场的所有化学品;各州的法规中,以加州65号提案最具代表性,管控进入加州市场的所有产品。加拿大以《禁止特定有毒物质法规》为相应环保管控法规,通过禁止制造、使用、销售、提供、进口这些有毒物质或含有这些物质的产品,防止潜在风险对加拿大环境和公民健康造成伤害。澳大利亚和日本以相应化学品管控法规为主要依据,与美国《美国有毒物质控制法案》类似,将化学物质分为现有化学物质和新化学物质,进行分类管理管控。

各国国情不同,法规的立法角度也有差异,导致了对同一产品的管控方式有很大区别,因此研究人员需从出口国目的地的法规、决议、指南等文件中识别出轨道交通车辆产品必须满足的管控要求、相应的管控力度以及可以执行的产品分类方法与检测方法。

2.1 欧　　盟

中国和欧盟处在"一带一路"的两端,"一带一路"倡议的提出为中欧轨道交通行业的贸易与合作提供了新的发展和机遇。与此同时,欧盟越来越严格的环境政策与法规,直接或间接地影响我国轨道交通产品的国际竞争力。在国内轨道交通产业"走出去"的大环境下,轨道交通产品正面临出口过程中车辆环保性能是否满足目的国家法律法规要求的风险。

2.1.1 UNIFE 要求

1. UNIFE 简介

欧洲铁路行业协会(UNIFE),成立于1992年,是代表欧洲铁路供应产业利益的一家国际性行业协会,其会员包括了各制造商和轨道系统集成商,如轨道车辆、子系统、部件、信号设备和基础建设等,在欧洲拥有84%的市场份额,供应全球铁路设备制造和服务的46%。UNIFE由多个委员会组成,聚集了欧洲铁路行业各技术领域的专家和带头人,致力于提供最优的技术以应对不断增长的运输量对可持续环保运输的需求所带来的挑战。同时,UNIFE还致力于制定互操作性标准,并协调欧盟资助的旨在铁路系统技术协调的研究项目。

2. RISL 清单和要求

欧洲铁路行业协会和德国铁路工业协会颁布了铁路行业物质清单(railway industry substance list,RISL)(以下简称"清单")。该清单依据各法规的修订不断更新,截至2024年2月,共包括667条管控内容,涵盖欧盟多项条例、法规与指令的管控物质,是欧洲轨道交通车辆产品环保符合性的行业要求。清单提供了关于欧洲铁路行业禁用物质和需要进行申报评估物质的信息及在各控制领域的适用性和限值要求等。

(1) 禁用物质[prohibited(in area of restriction),P(AR)]

P(AR)物质在清单中标记为红色,被定义为 P(AR)的物质在规定的管控领域内不应出现在成品、部件或组件,以及整个供应链中。物质的禁用要求需要结合其管控范围来看,某一领域范围内属于 P(AR)禁用物质,而在其他领域内属于 D(FA)申报评估物质。UNIFE 对禁用物质设定了限值:除非清单中另有规定,否则材料或混合物中 P(AR)禁用物质在"管控应用领域"内的限值为 0.1%(文中均指质量百分比含量)。需要注意的是 UNIFE 特别指出:当 P(AR)含量低于限值或在"管控应用领域"之外的其他应用中,均应视为申报物质。

(2) 申报评估物质[declarable for assessment,D(FA)]

清单中橙色标记的是 D(FA)申报评估物质,这类物质除非得到客户的批准,否则不允许出现在供应链中。值得一提的是一旦产品中含有 D(FA)申报评估物质,客户在货物交付前应制定并授权克减条款,即客户有权单方面不履行合约义务。与 P(AR)禁用物质类似,D(FA)申报评估物质也有限值,除非清单中另有规定,否则材料或混合物中 D(FA)申报评估物质的限值为 0.1%。注意:表面涂层(表面处理、油漆等)的含量和限值应单独考虑。表 2-1 汇总了 P(AR)和 D(FA)物质的管控要求和措施。

表 2-1 P(AR)和 D(FA)物质的管控要求和措施

物质分类	含 量	管控措施	
		管控应用领域内	管控应用领域外
P(AR)	≤限值	符合	申报
	>限值	不符合要求	申报,获得批准可使用
D(FA)	≤限值	符合	申报,获得批准可使用
	>限值	申报获得批准可使用;买卖双方商定 D(FA)逐步淘汰计划	申报,获得批准可使用;买卖双方商定 D(FA)逐步淘汰计划

(3) 申报参考物质[declarable for information,D(FI)]

D(FI)物质被定义为未列入清单中且被 CLP 法规(EC)No 1272/2008 归类为"危害"的物质,及在 CLP 分类中代码"H"开头的物质。对这类物质,UNIFE 的说明是如果已知含量超过 0.1%,应向客户申报信息。

3. 申报说明

针对供应商对清单中 D(FA)物质的申报，UNIFE 化学风险专题组汇集了主要系统集成商所需要的信息，并开发了"UNIFE 材料申报模板"（以下简称模板）。这一文件简化了供应商关于有害物质的报告，并为每个系统集成商提供统一的格式。该模板的发布让欧洲铁路行业更好地遵守 2007 年 6 月 1 日生效的 REACH 法规，加强了对原料制造商、下游用户和进口商的法律规定。

模板包含 3 个表格：封面（cover sheet，必填）、物质申报表（substance declaration，必填）和材料申报表（material declaration，选填）。

图 2-1 和图 2-2 所示为模板封面的截图，其中黄色框是必填项，粉色框在客户要求时填写。第一部分主要填写客户信息、供应商信息、产品信息等；第二部分汇总了整体申报信息，供应商需根据实际情况如实选择和填写，针对产品中是否含有清单中的 P(AR)物质、D(FA)物质和 D(FI)物质作出相应的选择和承诺。对于电池和电子电气设备、杀菌产品，封面中有额外的问题需要供应商回答，如产品中是否含有电池、电池是否符合欧盟电池指令 2006/66/EC 等。物质申报表中包含的信息有客户零件号、供应商零件号、部件名称、材料、申报物质、CAS 号和 EC 号、物质的质量百分比含量和安全使用建议等。其中材料和物质含量是选填项，按客户合同约定要求执行；CAS 号和 EC 号无需填写，物质名称填写后可以自动带出，因此物质名称需和清单保持一致。材料申报表包含的信息有产品 BOM 等级、客户零件号、供应商零件号、部件名称、材料、材料质量和数量、是否含有电池和电池种类、塑料和橡胶的标识等。

2.1.2 REACH 法规

1. 法规背景

2003 年 3 月出台的《关于未来化学品政策战略白皮书》表示欧盟将建立统一的化学品监控管理体系 REACH。REACH 法规是关于《化学品的注册、评估、授权和限制》（regulation concerning the registration, evaluation, authorization and restriction of chemicals,

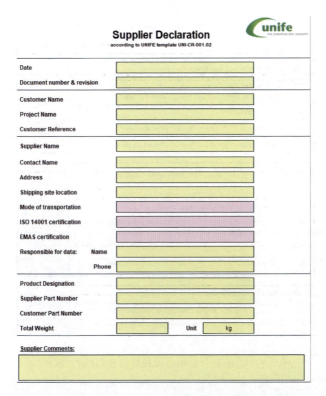

图 2-1　UNIFE 材料申报模板封面截图(第一部分)

REACH)的法规,本着"无数据无市场"的原则,要求进入欧盟市场的所有化学品必须具有可追溯性。该法规于 2006 年 12 月 18 日由欧盟建立,并于 2007 年 6 月 1 日正式生效,自颁布以来一直在不断地修订。它取代了将近 40 个现存的欧盟法规和指令,能够提供一个简单的系统以更好的方式来管理化学品。作为一项化学品的监管体系,该法规涉及三万多种化学成分,其宗旨是只要不能证明该化学品无害就不能使用,涵盖的行业非常广泛,大到石油化工,小到玩具涂层等成分均会涉及。法规的主要目标是降低化学品对人体与环境的风险,减少动物实验;鼓励采用法规附录 XIV 与 XVII 中特定危险物质的替代物;要求对附录 XIV 和附录 XVII 中物质的使用进行授权或限制。REACH 法规不仅仅关系化工企业,而是影响所有行业的产业链。

The supplier shall comply with UNIFE rules regarding hazardous substances defined for the RISL (Railway Industry Substances List) as described below:	
Railway Industry Substance List version	
I declare that the compliance assessment for this product has been performed against the **RISL revision** stated here (date of release of revision used)	
P(AR): Prohibited (in Area of Restriction)	
I commit that the product I supply is compliant to regulations that control the use of substances, for example as specified in Annexe XVII of REACH. These substances are classified as P(AR) in the RISL*.	Yes
No substances defined as Prohibited according to the RISL are present.	No RISL P(AR) substances
No substances defined as Prohibited according to the Project are present.	
D(FA): Declarable (For Assessment)	
I commit to declare for customer assessment all substances classified as 'D(FA)' in RISL*.	
This includes substances to be communicated according article 33 of REACH regulation as well as other substances of interest for railway industry.	
I understand my duty to provide updated information with every delivery in accordance with REACH Article 33.	
Substances defined as Declarable For Assessment according to the RISL are declared	RISL D(FA) substances declared
Substances defined as Declarable For Assessment according to the Project are declared	
D(FI): Declarable (For Information)	
I commit to declare to customer the substances identified as hazardous (according CLP) and defined as D(FI) by RISL rules, present in the delivered products.	
Substances defined as Declarable For Information according to UNIFE are to be declared	

图 2-2　UNIFE 材料申报模板封面截图(第二部分)

2. 管控对象及相关定义

REACH 法规管控几乎所有的化学物质(物质本身、混合物中的物质及物品中的物质),无论是进口的、在欧盟生产的、作为中间体使用和销售的都被 REACH 管控;只有放射性物质、由海关监管的物质、非分离中间体、废物、食品以及成员国用于国防的物质等可豁免,REACH 法规豁免的物质适用于欧盟其他相应的法规。

REACH 法规将产品分为三个类别,分别是物质、混合物、物品。具体定义如下:

(1)物质指自然状态下(存在的)或通过生产过程获得的化学元素及其化合物,包括添加剂和加工过程中产生的杂质。

(2)混合物指由两种或两种以上物质组成的混合物或溶液,如胶水、洗涤剂、合金、化妆品、油漆等。

(3)物品指一种在制造过程中获得特定的形状、外观或设计的物体,这些形状、外观或设计比其化学成分更能决定其功能,如座椅、司机操纵台、电子产品、衣服、玩具、家具等。

3. 注册、通报、授权、限制、信息传递

REACH法规包含4个部分,即化学品的注册、评估、授权和限制,全文包括15篇共141条和17个附录。其中涉及对企业的管控要求主要包括注册、通报、授权、限制、供应链的信息传递等五个方面。

(1)注册

①注册主体

法规规定注册者必须是欧盟法人或自然人,如无此资格可选择具备资格的法人或自然人作为其唯一代表(only representative,OR),代表其完成相关操作,其他国家和地区的企业不能自行注册。注册时需要向ECHA提交按IUCLID5规定格式编写的技术卷宗(包含注册人信息、物质分类和标签、充分研究摘要等11项内容);如注册的吨位数在10 t/年以上,还需要同时提交该物质的化学品安全报告(CSR,按照REACH法规附件Ⅰ规定格式编写)。同时注册者还需要按照注册的吨位数缴纳数额不等的注册费用。未经欧洲化学品管理局注册,均不得在欧洲市场上制造和销售,即"无数据,无市场"。

符合注册要求的主体如下:

a. 欧盟境内的物质、配制品、物品生产商。

b. 欧盟境内的物质、配制品、物品进口商。

c. 非欧盟的物质、配制品、物品生产商:必须通过欧盟境内的唯一代表来履行欧盟REACH法规要求的注册义务。

②注册范围

针对不同类型的产品规定了不同的注册条件,如不属于法规豁免注册的情况,都必须对此物质进行注册。

a. 投放欧盟市场超过1 t/年的化学物质。

b. 投放欧盟市场的配制品中超过1 t/年的化学物质组分。

c. 投放欧盟市场的物品中有意释放的化学物质,且总量超过1 t/年。

d. 物品中有意释放物质：在正常或合理可预见的使用情况下有意从物品中释放的物质，通常为了实现该物品的某种辅助功能，如空气清新剂。

③豁免范围

REACH 法规中规定豁免注册的情况包括：不属于 REACH 管控范围的物质（放射性物质、不可分离的中间体、废料、海关监管的保税物质、成员国选择的需要保护的物质）、法规附件Ⅳ和附件Ⅴ中列出的物质（其自身属性决定了物质风险极小或没有必要注册的物质）、视为已注册的物质（已登记的植保产品或生物杀灭产品中的物质和已按 67/548/EEC 指令进行过通报的物质）、聚合物（聚合物豁免注册，但其单体需要进行注册）等。

(2) 通报

①SVHC 物质需要进行通报的前提条件

通报是 REACH 法规中专门针对物品中 SVHC 候选物质的要求。根据 REACH 法规第 7 条第 2 款表明：如果物品中含有高关注物质（SVHC），且满足以下两个条件时，生产商或进口商需根据法规第 7 条第 4 款向欧洲化学品管理署（ECHA）进行通报：

高关注物质在物品中的含量超过 1 t/年；

高关注物质在物品中的质量百分浓度超过 0.1%。

SVHC 物质评议：委员会及各成员国将根据 SVHC 标准筛选其认为符合的物质，并提交提案给 ECHA；ECHA 在收到提案后将在网站进行为期 45 天的评议，并根据评议结果讨论决定是否将提案物质加入 SVHC 候选清单。

按照 REACH 法规，符合以下标准的物质将可能被列入 SVHC 候选清单：

按照欧盟 CLP 法规属于 1A 类和 1B 类致癌物质；

按照欧盟 CLP 法规属于 1A 类和 1B 类致畸变物质；

按照欧盟 CLP 法规属于 1A 类和 1B 类生殖毒性物质；

按照 REACH 法规附件ⅩⅢ，持久性、生物积累性和有毒物质（PBT）；

按照 REACH 法规附件 XIII,强持久性和强生物积累性物质(vPvB);

按照 REACH 条款 59 所确定的其他危害物质。

②通报主体

通报主体包括欧盟的物品生产商、欧盟的物品进口商和非欧盟企业指定的唯一代表(OR)。

③通报时间

法规第 7 条第 7 款规定:从 2011 年 6 月 1 日起,当物质根据第 59 条第 1 款确定之后,本条第 2 款、第 3 款和第 4 款应适用 6 个月。即:2010 年 12 月 1 日之前列入 SVHC 清单的,必须在 2011 年 6 月 1 日或之前完成通报义务;2010 年 12 月 1 日之后列入 SVHC 清单的,可在列入日期开始后的 6 个月内完成通报义务。

向 ECHA 进行通报时需提供以下资料:企业信息、注册号(如果有的话)、物质信息、物质分类、物品中物质的使用简短表述和物品用途简述以及物质吨位范围。

(3)授权

产品含有需授权物质的企业需提交授权申请书,经过 ECHA 授权后方可在欧盟使用。欧盟认为注册和评估不能解决所有物质的风险问题,对于欧盟高度关注的物质,在授权之前是不可以生产、进口或使用的。授权是有条件限制的,只有在特殊用途或是特别批准的前提下,SVHC 才可以使用,欧盟需要充分地掌握风险,只有 SVHC 才需要授权。授权的目的是确保对需授权物质的危害完全得以管控,并且逐步取代这些物质。

根据 REACH 法规的规定,ECHA 将在 SVHC 候选清单的基础上,依据这些物质的危害性、用量、对于人体和环境暴露可能性等要素,结合各成员国的意见进一步评出哪些物质优先进入附件 XIV。同时附件 XIV 中会规定日落之日(Sunsetdate,此日期后如未针对物质的应用取得授权,则不得再使用或销售列表中的物质)和可以开始申请授权的最晚时间(至少在日落之日前的 18 个月)。

申请授权时需要向 ECHA 提供以下资料,包括:

①物质特性。

②申请人姓名和联络细节。

③授权请求:详细说明所申请的是哪几种用途的授权;如相关,这份请求应包括在混合物中或物品中该物质的用途。

④化学品安全报告:除非该报告已经作为注册的一部分被提交过。

⑤替代方案分析:考虑替代品的技术经济可行性及风险的替代方案分析。

⑥替代品计划:充分考虑替代物质对于申请者的技术和环境可行性,上述的替代方案可行,需给出申请人按计划采取行动的时间表。

(4) 限制

对人类健康和环境的风险不能被充分控制的高度关注物质,ECHA发布危险物质限制清单,限制其在欧盟境内生产、进口和销售,并根据风险情况及新的科技和发展情况作出相应的更新和修订。因此,REACH法规下的限制措施将建立一个涵盖整个共同体的安全网络。限制涉及的物质及相关的限制条件列在REACH法规附件XVII中,包括禁止在一些物质中使用、禁止消费者使用和全部禁止三个层次。除非遵循限制要求,否则被认定为受限制的物质是不能生产、进入市场甚至使用的。附件XVII于2009年6月1日正式生效,取代了欧盟之前对于化学物质销售和使用进行限制的76/769/EEC体系及其历次修订、补充指令。

(5) 供应链的信息传递

REACH法规第四篇专门对供应链上的信息传递做出了规定。要求不仅保证生产商和进口商拥有化学品安全使用的信息,而且应当保证消费者拥有所需要化学品的安全使用信息。与健康安全和环境相关的性质、危险和危险管理措施信息要求贯穿整个供应链。对于物质和混合物,信息传递的基本工具是安全数据表(SDS)。REACH法规取代了原有的安全数据表指令(91/155/EEC),要求危险的物质和混合物、满足一定条件的非危险混合物以及法规规定的某些物质和混合物,必须提供SDS;对于无须提供SDS的情况,也应传递与法规符合性相关的其他信息。

对于任何物品的生产商或进口商、分销商,如果物品中含有的物质符合第 57 条和按第 59.1 条所确定的 SVHC,且含量超过 0.1%(w/w,质量比)以上,应向消费者提供足够的信息,包括允许安全使用,至少要有物质的名称。相关的信息要在 45 天内免费提供。危害性质的新信息和安全数据表中表明危险管理措施的信息应贯穿整个供应链。

4. 轨道交通企业对 REACH 的响应

面对 REACH 法规的管控,轨道交通企业首先应详细了解法规要求,明确自身产品在法规下应满足的义务,进而开展有针对性的应对工作,避免因盲目操作给企业带来不必要的成本负担。在系统学习了解法规要求后,首先判定自身产品在 REACH 法规中所属的类别;然后根据此类型产品的注册条件判定是否存在注册义务,并非所有产品都面临注册要求(如轨道交通行业产品大多属于物品,不存在有意释放时不需要进行注册);物品厂商应特别关注产品中 SVHC 情况,判定是否需要通报及进行信息传递。随着后续 SVHC 候选清单物质的不断增加,企业对自己的产品进行全检成本相当高,耗时耗力,企业可加强供应链的信息管控,充分了解自己产品组成,有的放矢地选择相关测试;除此之外,还应对与自身产品相关的授权、限制等义务进行判断。

2.1.3 RoHS 指令

1. 法规背景和修订历程

RoHS 指令是由欧盟立法制定的一项强制性标准,它的全称是《关于限制在电子电气设备中使用某些有害成分的指令》(the restriction of the use of certain hazardous substances in electrical and electronic equipment)。欧盟 RoHS 指令自 2003 年 2 月 13 日起成为欧盟范围内的正式法律。该指令已于 2006 年 7 月 1 日开始正式实施,主要用于规范电子电气产品的材料及工艺标准,使之更有利于人体健康及环境保护。RoHS 指令自发布以来,为了适应科学技术进步,历经多次修订更新。指令更新主要体现在三个方面:一是豁免条款的多次修订,二是对指令本身进行全面的修订,三是对限制物质列表的修订。2011年7月1日欧盟委员会在其官方公报上正式发布了RoHS修订指令——2011/65/EU。RoHS 2.0于2011年7月21日正式生效并于2013年1月3日起全面实施,RoHS 1.0同时被废除。

截至2024年2月份,RoHS 2.0修订历程见表2-2。

表2-2 RoHS 2.0修订历程

法规和指令号	时 间	主要修订变化
2011/65/EU	2011.7.1	发布修订指令RoHS2.0
2012/50/EU	2012.12.18	附件Ⅲ豁免清单新增第7(c)-Ⅳ条
2012/51/EU	2012.12.18	附件Ⅲ豁免清单新增第40条
2014/14/EU	2013.10.18	附件Ⅲ豁免清单新增第1(g)条
2014/76/EU	2014.3.13	附件Ⅲ豁免清单新增第4(g)条
2014/1/EU~2014/13/EU 2014/15/EU~2014/16/EU	2013.10.18	附件Ⅳ豁免清单新增第21~34条
2014/72/EU	2014.3.13	附件Ⅲ豁免清单新增第41条
2014/69/EU~2014/71/EU 2014/73/EU~2014/75/EU	2014.3.13	附件Ⅲ豁免清单新增第35~40条
(EU)2015/573 (EU)2015/574	2015.1.30	附件Ⅳ豁免清单新增第41、42条
(EU)2015/863	2015.3.13	附件Ⅱ限制物质列表被取代
(EU)2016/585	2016.4.16	附件Ⅳ豁免清单删除第31条,新增第31a条
(EU)2016/1028 (EU)2016/1029	2016.6.25	附件Ⅳ豁免清单更新第26条
(EU)2017/1009 (EU)2017/1010 (EU)2017/1011	2017.3.13	附件Ⅲ豁免条款修订第9(b)、13(a)、13(b)条
(EU)2017/1975	2017.8.7	附件Ⅲ豁免条款修订第39条
(EU)2017/2102	2017.11.21	修订电子电器及回收利用部件的适用条件,和附件Ⅲ豁免清单的时效
(EU)2018/736~(EU)2018/742	2018.5.18	附件Ⅲ关于铅的10个豁免条款

续上表

法规和指令号	时间	主要修订变化
(EU)2019/169~(EU)2019/178	2019.2.5	附件Ⅲ豁免条款第7(c)-Ⅱ,7(c)-Ⅳ,8(b),8(b)-1,15,15(a),18(b),18(b)-1,21,21(a),21(b),21(c),29,32,37,42条
(EU)2019/1845~(EU)2019/1846	2019.11.5	附件Ⅲ豁免条款第43,44条
(EU)2020/364	2020.3.5	新增附件Ⅳ豁免条款第44条
(EU)2020/361 (EU)2020/365	2020.3.5	附件Ⅲ豁免条款修订第9,9(a)-Ⅰ,9(a)-Ⅱ,44条
(EU)2020/360 (EU)2020/366	2020.3.5	附件Ⅳ豁免条款修订第37,41条
(EU)2021/647	2021.4.20	新增附件Ⅲ豁免条款第45条
(EU)2021/844	2021.6.2	更新附件Ⅳ第42条有效期
(EU)2021/1980 (EU)2021/1979 (EU)2021/1981	2021.11.15	新增附件Ⅳ第45,46,47条关于邻苯二甲酸酯的豁免

2. 管控对象及物质

RoHS指令中涉及的电子电气设备定义为:正常运行而依赖于电流或电磁场的设备,以及能产生、传输和测量电流和电磁场的设备,且这些设备的额定电压是交流电不超过 1 000 V 或直流电不超过 1 500 V。

修订后的 RoHS 指令(2011/65/EU)与之前相比,其管控范围覆盖更多的电子电气设备,包括医疗器械,监控设备以及之前未包含于 2002/95/EC 指令的电子电气设备都被纳入管控范围,具体见表 2-3。

RoHS 2.0 指令纳入欧盟的 CE 管理中,第 16 条款符合性认定中指出:在没有相反证据的情况下,成员国应假定带有 CE 标识的电子电气产品符合本指令。

RoHS 2.0 指令更加强化了产品制造商的职责,确保产品投放欧盟市场时符合限用物质要求,同时需要按照 768/2008/EC 附录 2 的模式 A 制作技术文档并实施内部生产控制,对符合要求的产品制作 EC 符合性声明并在成品上加贴 CE 标识,产品在投放市场后须保存相关技术文档及 EU 符合性声明至少 10 年。

表 2-3 2011/65/EU(RoHS 2.0 指令)覆盖的电子电气产品类别

序号	类别	序号	类别
1	大型家电	7	玩具、休闲和运动设备
2	小型家电	8	医疗设备
3	IT 和通信设备	9	视频控制设备,包括工业监视和控制设备
4	消费性设备	10	自动售货机
5	照明设备	11	上述类别未覆盖的所有电子电气设备
6	电子电气工具(大型固定工业工具除外)		—

根据欧盟 RoHS 指令的要求,除特定豁免外,电子电气产品中的均质材料不得含有超过限值的特定化学物质(表 2-4),否则产品不得投放欧盟市场。

表 2-4 RoHS2.0 指令管控物质及范围

物质中文名称	物质英文缩写	化学文号	均质材料中的限值要求(w/w)
铅	Pb	7439-92-1	0.1%
镉	Cd	7440-43-9	0.01%
汞	Hg	7439-97-6	0.1%
六价铬	Cr(VI)	18540-29-9	0.1%
多溴联苯	PBBs	—	0.1%
多溴联苯醚	PBDEs	—	0.1%
邻苯二甲酸二(2-乙基己基)酯	DEHP	117-81-7	0.1%
邻苯二甲酸丁苄酯	BBP	85-68-7	0.1%
邻苯二甲酸二丁酯	DBP	84-74-2	0.1%
邻苯二甲酸二异丁酯	DIBP	84-69-5	0.1%

3. 轨道交通企业对 RoHS 指令的响应

绝大多数铁路行业产品都被 RoHS 指令豁免,因为 RoHS 指令豁免内容中包括人与货物的运输工具、大型固定装置、大型工业工具和非专家无法轻易拆除的设备；但是仍有少部分产品在 RoHS 管控范围内，这些产品属于 RoHS 指令产品范围内且可以从火车或设备上移除并独立使用，如电脑屏幕、键盘、移动电话、手持设备、餐车和厨房电器等。2018 年 4 月 20 日，欧盟针对 7 项物质（三氧化二锑、四溴双酚 A、磷化铟、中链氯化石蜡、铍及其化合物、硫酸镍和氨基磺酸镍、二氯化钴和硫酸钴）展开公共咨询。2021 年 3 月 2 日，Oeko-Institute 根据其发布的 Pack 15 最终评估报告，推荐将中链氯化石蜡和四溴双酚 A 两项有害物质纳入指令附件 Ⅱ 限值物质清单中，后期欧盟委员会将参考评估报告中的建议做最后决定。清单的更新必将对企业产生巨大的影响，建议企业及时展开供应链调查和制程管控。

2.1.4 POPs 法规

1. POPs 定义

POPs 指的是持久存在于环境中，具有很长的半衰期，且能通过食物网积聚，并对人类健康及环境造成不利影响的有机化学物质，它可通过各种环境介质（大气、水、生物体等）长距离迁徙并长期存在于环境中，具有环境持久性、生物累积性、长距离迁移能力和高毒性四个方面的重要特性，对人类健康和环境具有严重危害。

2. 法规背景

随着对 POPs 特性的深入研究，各国均在强调保护环境的国际义务与政府责任，强调彼此具有共同合作减少排放 POPs 的责任。为确保在执法活动级别上的透明性、公正性和一致性，欧盟于 2004 年 4 月 29 日在《斯德哥尔摩公约》和《1979 年长程跨界空气污染公约》的基础上发布了关于持久性有机污染物的法规（EC）No 850/2004。法规自颁布以来已经进行了多次实质性的修订，为了使法规更加清晰明了，2019 年 6 月 25 日，欧盟在其官方公报上发布新的 POPs 法规（EU）2019/1021。该新法规于 2019 年 7 月 15 日生效，同时（EC）No 850/2004 被废除。新法规旨在通过禁止、尽快淘汰或限制制造、投放市场和使用管控的物质，保护人类健康和环境免受持久性有机污染物的侵害。新 POPs 法规生效后，欧盟先后发布了其修订指令，截至 2024 年 2 月，相应修订指令如下：

(1) 2020 年 6 月 15 日，发布(EU)2020/784，新增 PFOA 及其盐和相关物质管控。

(2) 2020 年 8 月 18 日，发布(EU)2020/1203，修订法规附件Ⅰ中关于全氟辛烷磺酸及其衍生物(PFOS)的豁免。

(3) 2020 年 8 月 18 日，发布(EU)2020/1204，新增附件Ⅰ中三氯杀螨醇禁用要求。

(4) 2021 年 2 月 2 日，发布(EU)2021/115，修订 PFOA 及其盐和相关物质的豁免条款。

(5) 2021 年 2 月 23 日，发布(EU)2021/277，新增五氯苯酚及其盐和酯的特定限值要求。

3. POPs 管控对象及物质

POPs 法规针对 POPs 建立了完善的全过程、分类别综合管理的机制，包括：控制生产使用销售的物质范围，控制豁免措施，库存管理，废弃物管理，环境监管，实施计划和减排计划，成员国之间的信息交流、报告、处罚措施等。

与 REACH 法规类似，POPs 法规管控的对象也是具体化学物质，相关重要定义与现行欧盟 REACH 法规(EC)No 1907/2006 保持一致。

具体管控物质及相关限制要求见表 2-5。

表 2-5 欧盟 POPs 法规管控物质及相关限制要求

序号	管控物质名称	限制要求
1	四溴联苯醚	物质中的多溴联苯醚≤10 mg/kg(每组)。 混合物或物品中的多溴联苯醚(包括四溴，五溴，六溴，七溴和十溴)的总和≤500 mg/kg
2	五溴联苯醚	
3	六溴联苯醚	
4	七溴联苯醚	
5	十溴联苯醚	

续上表

序号	管控物质名称	限制要求
6	全氟辛烷磺酸(PFOS)	物质或混合物中≤10 mg/kg。 半成品/部件/物品中<1%。 纺织品或涂层中<1 μg/m²
7	DDT	禁用
8	氯丹	禁用
9	六氯环己烷,包括林丹	禁用
10	狄氏剂	禁用
11	异狄氏剂	禁用
12	七氯	禁用
13	六氯苯	禁用
14	开蓬(十氯酮)	禁用
15	艾氏剂	禁用
16	五氯苯	禁用
17	多氯联苯(PCB)	禁用
18	灭蚁灵	禁用
19	毒杀芬	禁用
20	六溴联苯	禁用
21	硫丹	禁用
22	六溴环十二烷	物质、混合物和物品中≤100 mg/kg
23	六氯丁二烯	禁用
24	多氯萘(PCNs)	禁用
25	五氯苯酚以及其盐和酯类	物质、混合物和物品中≤5 mg/kg
26	短链氯化石蜡(SCCP)	物质和混合物中≤1%。 物品中≤0.15%
27	三氯杀螨醇	禁用
28	全氟辛酸及其盐和相关化合物	全氟辛酸及其盐:物质、混合物、物品中≤0.025 mg/kg。 全氟辛酸相关化合物:物质、混合物、物品中≤1 mg/kg

从表 2-5 中可以看出 POPs 法规除了对农药、杀虫剂等严格管控外,也将多种工业品与消费品领域常用的物质纳入法规管控,轨道交

通产品也因此受到影响。如法规严格限制的短链氯化石蜡(SCCP)，作为阻燃剂和增塑剂多用于橡塑材料，在空调风道保温棉、电缆绝缘皮、地板革等材料中均有检出超标。多溴联苯醚也是常见的溴系阻燃剂，在塑胶等产品中经常使用。

2.1.5 ODS 法规

1. ODS 相关概念

ODS 可被广泛应用于灭火剂、喷雾剂、泡沫行业、空调和冰箱制冷、烟草和清洗行业等。例如，全氯氟烃(CFCs)和含氢氯氟烃(HCFCs)被广泛用于清洗、制冷和发泡行业，Halon 则被大量用于灭火剂的制造。氟氯化碳物质排放后会在大气中长久停留，其中一部分会扩散至臭氧主要存在的平流层，在平流层中受到太阳紫外线照射后，Cl 原子将游离出来并与臭氧分子迅速反应生成一氧化氯；一氧化氯性质不稳定可自发分解为 Cl 原子，Cl 原子继续消耗臭氧总量。由于 ODS 大量排入大气，臭氧层受到了破坏，透过大气到达地面的紫外线强度将增加，对人、动植物乃至自然生物系统产生极大的危害。强烈的紫外线照射会使人患上白内障眼疾甚至失明，人体的免疫功能也会衰退；对植物来讲，光合作用将受到抑制，抵抗环境污染物的能力变差，粮食作物的产量和质量也会因此下降；生活在海洋浅层的浮游生物和鱼苗也会受强烈辐射而退出水生王国，扰乱和破坏水生生物系统。

2. 法规背景

为了保护地球平流层中的臭氧层，1985 年 3 月在奥地利首都维也纳由 21 个国家的政府代表签署了《维也纳公约》。为了能够真正对消耗臭氧层物质(ODS)-CFC 与 HCFC 的生产、消费实行国际控制，1987 年 9 月 16 日在加拿大蒙特利尔市 24 个国家政府代表又签署了《蒙特利尔议定书》。欧盟作为《蒙特利尔议定书》的缔约方在履行其责任方面也采取了很多措施，2000 年 6 月，欧盟委员会颁布了《关于消耗臭氧层物质的条例》，随后对该条例进行了多次补充和修订。欧盟委员会于 2008 年 8 月 1 日提交议案，修订现行的保护臭氧层法规。修订议案旨在简化现行法规,例如建立机制以管制最近被确定为可能严重消耗臭氧层的物质。修订法规(EC)No 1005/2009 是欧盟实施《蒙特利尔议定书》规定的主要立法工具,禁止破坏力最强的消耗臭氧层物质生产及在市场出售,同时严格限制或禁止有关物质的若干用途。修订议案对第 2037/2000 号法规的多项定义做出修改,以免法规实施时出现矛盾。例如,"在市场出售"的定义是"以收费或免费方式首次供给欧盟境内第三者,包括做自由流通之用";"进口"的定义是"产品进入欧共体关税区"。

3. 管控要求和物质范围

ODS 法规分 8 章对保护臭氧层做了详细的规定,包括适用范围、ODS 的受控物质、相关物质的豁免情况、配额机制、进出口贸易管控、报告、检查和处罚机制等。对于《蒙特利尔议定书》允许及不适用于欧盟禁令的消耗臭氧层物质,修订议案也加入新章节,阐述物质的使用在哪些情况下获得豁免。

(1)管控范围

法规将管控对象分为三个级别:禁止相应的生产、进口出口使用、投放市场。

①受控物质:包含 CFC、HCFC、Halon、四氯化碳、1,1,1-三氯乙烷、甲基溴,具体见表 2-6。不论这些物质是否是单一形态或混合形态,也不论是否是全新的、回收的、再利用的或再生的新物质都列入管控范围。

②新物质:包含 Halon-1202、1-溴丙烷、溴乙烷、三氟碘甲烷、氯甲烷等五种物质。不论它们是否是单一形态或混合形态,也不论是否是全新的、回收的、再利用的或再生的。

③含有或依赖受控物质的产品和设备:指没有受控物质就不能使用的产品和设备,不包括用于生产、加工、循环利用、回收或者销毁管制物质的产品和设备。

(2)豁免情况

①作为原料生产或投放市场的受控物质只能用于该目的。自 2010 年 7 月 1 日起,盛装此类物质容器的标签应清楚标明该物质只能

用作原料。委员会可决定所使用的该标记的形式和内容。

②作为加工剂使用的受控物质,只可在 1997 年 9 月 1 日已存在的设施中作为过程剂使用,且排放不显著。作为加工剂生产或投放市场的受控物质只能用于该目的。自 2010 年 7 月 1 日起,盛装此类物质容器的标签应清楚标明,这些物质只能用作加工试剂。在欧盟内可用作制程剂的受管制物质的最高限量,每年不得超过 1 083 t。在欧盟内使用的制程剂所排放的受管制物质,每年不得超过 17 t。

③作为实验室和分析用途的受控物质。自 2010 年 7 月 1 日起,含有此类物质的容器应贴有明确的标签,表明该物质仅用于实验室和分析用途。

④含有或依赖受控物质的受控物质及产品和设备可按照法规所述的销毁要求在欧盟内投放市场供销毁。

除上述豁免情况外,法规对氢氯氟烃、甲基溴和 Halon 的特殊用途和要求也做了详细的说明,此处不再赘述。

2.1.6 包装指令

1. 指令背景

包装在树立企业的品牌形象、方便运输流通、增强产品美感和刺激消费等方面具有重要的意义,但是其本身也存在着一次性消耗自然资源,污染环境等负面的特征。在欧洲,首先促使专门对包装和包装废物进行立法的是 20 世纪 80 年代初的"丹麦瓶"事件。1981 年丹麦通过法规禁止使用金属饮料罐,并要求所有啤酒和非酒精饮料使用可降解的包装。该规定影响了欧洲共同体其他国家对丹麦的出口贸易,这些国家纷纷要求欧洲共同体委员会进行仲裁。欧洲共同体委员会认为丹麦的规定没有妨碍自由贸易,从保护环境的角度考虑商品包装是适宜的。1985 年 6 月 27 日欧洲共同体理事会颁布了指令 85/339/EEC,但是这个指令只涵盖了人们消费用液体容器包装。由于此指令规定不是很详尽,没有很好地协调各成员国有关政策,结果在几个成员国还出现了不一致的国家立法。为解决包装带来的贸易争端,在欧洲共同体内部消除贸易壁垒,经济部门和欧盟成员国要求欧洲委员会提出一个更为全面的包装立法建议。在1992年,欧洲委员会提交了制定有关包装和包装废物指令的建议。经过欧洲议会和欧盟部长理事会较长时间的讨论,1994年12月20日颁布了《欧洲议会和理事会关于包装与包装废物的指令》。

欧盟包装指令94/62/EC规定不管欧盟产品还是进口产品,欲在欧盟市场进行销售都必须遵从欧盟包装指令对包装材料和回收处理等方面的有关规定。了解并研究欧盟包装指令的有关要求,对欧盟以外国家产品出口到欧盟,具有重要的意义。

2. 定义和要求

包装指令适用范围包含投放在欧盟市场上的所有包装以及所有包装废弃物,无论用于工业、商业、办公室、商店、服务、居家或其他层面,无论使用的原材料类型。

包装指令规定"包装"是由任何性质原材料制成的被用于包容、保护、搬运、运送、展示货物目的的所有产品,其范围从原材料到加工的货物、从生产者到使用者或消费者,具体定义如下:

(1)销售包装或初级包装:被认为是在采购地点构成某个向最终使用者或消费者提供的销售单元的包装物。

(2)组合包装或二次包装:被认定为是在采购地点构成一组一定数量的销售单元的包装物,不管这些销售单元是以这种方式向最终使用者或消费者销售的还是仅仅作为补充销售地点货架的一种方式,它可从产品上去除而不影响产品的特征。

(3)运输包装或三次包装:被认为是为了便于搬运和运输若干销售单元或组合的包装物,以防止在搬运和运输过程中遭到物理损坏的包装物。运输包装物不包括公路、铁路、海运和空运的集装箱。

3. 管控措施

包装指令94/62/EC有两个主要的目标:一是提高环境保护水平,二是确保欧盟内部市场机制的有效运行,避免贸易壁垒和不正当竞争。为此目的,该指令采取了一些措施,首先考虑防止产生包装废弃物,其次是针对重复使用包装,通过再生和其他方式回收利用包装废弃物,从而减少这类废弃物的最终处置。这些措施主要包括:

(1)回收利用和再生目标

包装指令制定了各成员国在其全部领域范围内包装物回收、利用和再生的目标措施,具体见表 2-6。

表 2-6　包装物回收、利用和再生指标

时间(不晚于)	要　　求
2001.6.30	按质量计最少 50%至最多 65%的包装废物应该被回收利用或在废物焚烧工厂焚烧获取能源
2001.6.30	按质量计最少 25%至最多 45%包装废物中所含原材料总量应该被再生利用。 按质量计最少 15%的每一种包装原材料应该被再生利用
2008.12.31	按质量计最少 60%的包装废物应该被回收利用或在废物焚烧工厂焚烧获取能源
2008.12.31	按质量计最少 55%至最多 80%的包装废物应被再生利用
2008.12.31	含在包装废物中的原材料应达到下述最低再生目标:玻璃按质量计 60%,纸和木板按质量计 60%,金属、塑料按质量计 22.5%(加上某些可以再生为塑料的原料),木材按质量计 15%

(2)标志与标识系统和包装使用者的信息

包装指令要求欧盟理事在指令实施后的两年内,对包装标志做出相关决定,规定包装物应显示其识别和分类的目的。包装物还应在其自身或在标签上有合适的标志。这些标志应该清晰可见,易于识别及适当地持久耐用。

依据指令第 8 条和第 10 条欧洲标准委员会批准了 EN 14311:2002《包装—标志和材料识别系统》作为标志和材料识别系统的标准,具体包装标识要求见表 2-7。

表 2-7　EN 14311:2002 规定的包装标识

包装材料	铝	钢铁	玻璃	纸和纸板	塑料	复合材料
识别标志	alu	∪	特殊材料的识别没有要求	特殊材料的识别没有要求	02 PEHD	表达起决定作用的材料

(3) 有害物质含量限制

有关包装中的重金属含量,各成员国应保证包装和包装组件中铅、镉、汞和六价铬的含量总和不超过下列标准:

① 1998 年 6 月 30 日起,按质量计为 600 ppm[①]。

② 1999 年 6 月 30 日起,按质量计为 2 500 ppm。

③ 2001 年 6 月 30 日起,按质量计为 100 ppm。

该限值是针对每件包装的基本要求,但并不是唯一要求。需要注意的是完全由铅晶玻璃制成的包装材料不适用于该限值要求。

(4) 标准化

包装指令要求欧洲委员会应促进与包装基本要求有关的欧洲标准的准备工作,特别是促进下述欧洲标准的制定,通过制定标准防止包装废物对环境的影响。

① 包装生命周期分析的标准和方法。

② 对包装中存在重金属和其他有害物质,以及从包装和包装废物释放到环境中的重金属和其他有害物质的测量和检验方法。

③ 各种类型包装物中需要再生原材料的最低标准。

④ 再生方法的标准。

⑤ 堆肥和堆肥方式的标准。

⑥ 包装标志的标准。

2.2 美　　国

2.2.1 《有毒物质控制法案》与《21 世纪化学品安全法》

1. 法规背景

美国《有毒物质控制法案》(Toxic Substances Control Act, TSCA),由美国国会于 1976 年颁布,1977 年 1 月 1 日正式生效,美国环保署(EPA)负责实施。该法案旨在综合考虑美国境内流通的化学物质对环境、经济和社会的影响,预防其对人体健康和环境的不合理

---

① 1 ppm=1×10^{-6}。

风险,是美国历史上第一部管理、控制有毒物质生产和使用的专门立法。TSCA对化学物质进行源头管理,通过报告、评估记录、识别、标签、限值等措施让民众可以规避风险,最大限度地避免滥用化学物质带来的人体健康伤害和环境损害。该法案在实施近50年的过程中暴露出了诸多问题。TSCA史上共经历三次修订:第一次修订在1986年,主要针对学校、公共场所及商业大厦中的石棉危害做了相关规定。第二次修订在1988年,主要是对室内氡污染做了相关规定。以上两次修订只是对TSCA进行补充性规定,管理思路和主体结构并未进行改变。第三次修订在2016年,经各方博弈后的TSCA修正案正式签署生效,修订后的法案名称为《21世纪化学品安全法》(LCSA),法案编号为H.R.2576,这部法案经批准后,成为继1990年更新的清洁空气法规之后,由国会通过的影响最为深远的环境法规。管理思路上进行了首次重大调整,改变了原有的"基于全部已知信息"的宽松式审查要求,强制要求EPA根据优先级别对现有化学物质进行风险评估,在规定期限内,对不合理风险的化学品采取禁止或替代措施,强制要求基于确定的风险评估结论,对新化学物质和现有化学物质的显著新用途进行严格市场准入管理。同时EPA被赋予更多的权限,以便获取足够的化学品健康和环境信息数据,并对商业保密信息进行审查,取消不必要的保密声明,向公众提供更多相关化学品的危害和暴露信息。最后从法律角度对EPA的经费来源进行了保障,以便有充足的费用来支持所有改革措施的实施。

2. 管控要求

(1)物质范围

LSCA适用于天然生成和化学反应产生的化学物质本身、混合物中的化学物质和物品中有意释放的化学物质。需要注意的是,LCSA定义的化学物质还包括微生物。但以下类别的化学品属于其他联邦法律管辖,不受LCSA监管,具体包括:烟草和烟草制品、核材料、军火、食品、食品添加剂、药品、化妆品和仅用作农药的物质。

LSCA适用范围:有机化合物、无机化合物、聚合物、UVCB物质、微生物、混合物。

LSCA豁免范围:杀虫剂、食品及其添加剂、药品、化妆品、烟草、核材料。

(2)相关企业

相关企业包括:美国境内的化学品制造商、进口商、加工商、分销商;美国境外的化学品出口企业。

(3)管控措施

LSCA把物质分类为现有化学物质和新化学物质进行管理,是否属于新化学品,以物质是否被收录在LSCA名录中为准。目前名录已收录85 000多种现有化学物质,重点加强对新化学物质的管理。对现有化学物质和新物质,LSCA分别有不同的要求,如图2-3所示。

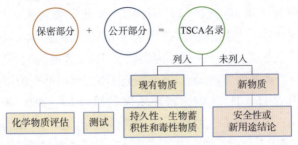

图2-3　TSCA名录组成和要求

①现有化学物质管控

针对现有化学物质,LCSA从化学物质评估、测试以及对持久性、生物蓄积性和毒性物质等方面提出了相应的要求。

a. 化学物质评估

EPA建立基于风险过程的评估机制,将某具有潜在危害属性或具有潜在暴露途径会导致不合理风险(包括EPA认定的对潜在暴露或易感亚群的风险)的化学物质定义为高优先级物质,不符合高优先级标准的则被判定为低优先级物质。化学物质一旦被确定为高优先级,LCSA要求EPA在规定的期限内完成风险评估。企业也可以主动要求EPA评估特定的化学物质,但需要支付相关费用。如果风险评估结论得出该物质存在不合理风险,EPA必须在2年内采取风险管控措施(主要包括限制、禁止或淘汰等),特殊情况可延长至4年。

b. 化学物质测试

扩大获得测试信息的权力,以便加快对化学品进行优先级或风险评估,同时推广使用非动物替代测试方法。

c. 持久性、生物累积性和毒性(PBT)化学品

LCSA 提出新的快速流程以解决现有工作计划中某些 PBT 物质的问题,除非使用或存在暴露时才需要对 PBT 物质进行评估;在新法案实施 3 年后提出实际可行的措施以减少 PBT 物质的暴露,并在 18 个月后实施这些措施;在评估的优先排序过程中对 PBT 物质进行额外要求。

针对现有物质,历年的贸易记录超过 25 000 t,企业就要在规定的通报期限前提交化学品数据报告(CDR)卷宗。需要说明的是,CDR 的申报周期为 4 年,也就是说每隔四年,企业就要进行一次 CDR 通报。此外现有物质的用途一旦被认定为显著新用途,将该物质用于显著新用途的企业就必须在进行相应活动至少 90 天前提交 SNUR。EPA 随后会要求企业签署强制同意协议或按照测试规则补交测试数据。

2021 年 1 月 6 日,美国国家环境保护局(EPA)根据《有毒物质控制法》第 6(h)条发布了五种持久性、生物累积性和 PBT 化学品的最终规则。五种 PBT 化学品为:(2,4,6-三叔丁基)苯酚(2,4,6-TTBP),十溴二苯醚(decaBDE),六氯丁二烯(HCBD),五氯硫酚(PCTP),异丙基化磷酸三苯酯[PIP(3∶1)]。该最终规则于 2021 年 2 月 5 日正式生效。TCSA 要求 EPA 对此 5 种 PBT 采取快速行动,以解决风险并在可行的范围内减少暴露。该最终规则限制或禁止与这五种 PBT 化学品相关的商品的制造(包括进口)、加工和/或商业分销,具体措施如下:

a)(2,4,6-三叔丁基)苯酚(2,4,6-TTBP):限值 0.3%,自 2026 年 1 月 6 日实施。

b)十溴二苯醚(decaBDE):禁止使用,自 2021 年 3 月 8 日逐步管控。

c)六氯丁二烯(HCBD):禁止使用,自 2021 年 3 月 8 日实施。

d)五氯硫酚(PCTP):限值 1%,自 2021 年 3 月 8 日逐步管控。

e)异丙基化磷酸三苯酯[PIP(3∶1)]:禁止使用,自 2022 年 3 月 8 日实施。

②新物质管控

针对新物质,需要进行上市前的审核,环保局必须对一种新化学物质的安全性或现有化学物质的重大新用途做出肯定的结论,然后才能将其投入市场。同时也可以采取一系列行动来解决潜在的问题,包括禁止、限制和对这种化学物质的额外检测等。化学物质投产前相关的通知书及重要新用途通知书,必须经美国环保署审批,方能正式开始生产。对于在法例制定前已经提交投产前通知书,现处审阅阶段的公司,美国环保署会尽力在原定期限的余下时间内完成审阅并作出决定。新法将审核期重新设定为90天;企业可以根据产品用途、产品性质或出口吨位判断是否符合预生产通知(PMN)豁免申报的条件。如果产品不能申报PMN豁免,就必须在首次生产或进口至少90天前进行PMN申报,EPA评估、公示、并发放同意函后方能投放市场。首次投放市场的一个月内,PMN申报人应将开始从事相关商业活动的通知(NOC)发给EPA。一旦EPA收到完整的NOC,化学物质就被认定为已经收录到TSCA目录,成为现有化学物质,需要履行现有化学物质的义务。

2.2.2 《加州65号法案》

1. 法案背景

1986年11月,加州选民通过了一项提案,以解决人们对有毒化学物质日益增长的担忧。这一倡议成为《1986年安全饮用水和有毒物质强制执行法案》。它最初的名字是65号提案,旨在帮助加州人民做出明智的决定,保护自己不受已知会导致癌症、出生缺陷或其他生殖伤害化学物质的伤害。因此,《加州65号法案》并没有禁止任何产品进入加利福尼亚州;相反,它需要"明确和合理"的警告,以便消费者意识到他们购买的产品中所含的潜在风险。

2. 管控要求

《加州65号法案》项目由环境健康危害评估办公室(OEHHA)管理,OEHHA是加州环境保护局的一部分。它适用于所有在加州通过商店、邮件和互联网销售的产品,影响着产品或产品的使用最终在加州的所有公司，包括制造商、分销商、包装商、进口商、供应商和供应链中的其他成员。OEHHA 每年至少更新一次相关机构所知的致癌或致生殖毒性的有害物质清单。目前，该清单已公布了大约 1 000 种化学物质，所涵盖的化学品种类非常广泛，包括染料、溶剂、杀虫剂、药品、食品添加剂，以及某些工业及制造业生产过程的副产品等。法案规定，任何人在经营过程中，不得在未对产品中已知致癌或致生殖毒性物质提出警告的情况下，让使用者暴露在这些有害物质中。在加州销售产品的企业，如果不了解《加州 65 号法案》的要求，将面临巨额罚款和处罚，包括产品召回或移除的风险，以及可能的产品重新配方。

3. 警示要求

2018 年 8 月 30 日，《加州 65 号法案》条款 6"清晰合理的警告信息修正案"正式生效，包含警示标签和警告语两个主要部分。修正案规定，"WARNING"这个词需大写加粗并在其左侧显示黑色感叹号的等边三角形图形，通常为黄底黑字⚠，也可使用白底黑字⚠。警告语内容至少体现对引起接触的特定化学物质的明确说明，以及对该化学物质是否引起癌症、出生缺陷或其他生殖危害的明确说明，且包含产品警告语。整个警告信息的类型大小必须不小于用于产品上的其他消费者信息的最大类型大小，示例见表 2-8。

表 2-8 《加州 65 号法案》警示标签要求

警告标签差别	旧规原文	新规原文
警告内容	WARNING：This product contains a chemical known to the State of California to cause cancer	⚠ WARNING：This product expose you to chemicals（name of one or more chemicals），which is(are) known to the State of California to cause cancer. For more information go to：www. P65Warnings. ca. gov
简短形式警告 On-product	—	⚠ WARNING：Cancer www. P65Warnings. ca. gov ⚠ WARNING：Reproductive harm www. P65Warnings. ca. gov ⚠ WARNING：Cancer and reproductive harm www. P65Warnings. ca. gov

任何将个人暴露于所列化学品的企业都必须在暴露前向消费者发出"明确和合理"的警告。消费者产品暴露警告必须显著地显示在标签上,并且与标签上的其他文字、说明、设计或设备相比较时,显著地显示出来。消费者产品暴露警告必须突出显示,以使普通个人在购买或使用的习惯条件下能够看到、阅读和理解该警告。OEHHA 已对管控清单中的部分物质发布了"Safe Harbor Level"即安全港水平,若产品中含有已知致癌或致生殖毒性物质且暴露水平已超过安全港水平和生殖毒性物质的"最大容许剂量水平值",则必须在产品上加贴清晰、合理的警告标签。目前《加州 65 号法案》中大约有 300 种化合物制定了安全港标准。如果没有设定安全港水平,或者如果企业想知道一个确定的安全港水平如何影响他们的产品,企业可以考虑进行风险评估,以确定允许的暴露水平。如果产品中含有《加州 65 号法案》中的化合物,但其暴露水平低于安全港水平,则不需要警告标签。如果责任方能够证明接触不会造成重大危险,假定该国已知会导致癌症、出生缺陷或生殖损害的物质的终身接触量达到有关水平,并且接触量不会产生明显的影响,则不受警告要求的约束。

4. 有害物质限量管控要求

《加州 65 号法案》管控清单本身并没有对物质设定限值,产品中有害物质的管控限值,参考已有的针对此类产品的诉讼案或协议。这些文件中,可能会达成针对某类产品中某些物质的限值要求以及测试方法。

5. 豁免情况

《加州 65 号法案》规定的有限的豁免如下:

(1)不适用于联邦、州和地方政府机构。

(2)不适用于雇员人数少于 9 人的企业。

(3)此外,如果企业能够证明任何接触的程度与致癌物有关,"没有重大风险",或接触的程度低于生殖毒物有关的"没有明显影响水平",则无需发出警告。

在加州的公司需要意识到《加州 65 号法案》的深远影响。通过了解他们的产品和供应商的产品的化学成分,了解法案的最新变化,公司可以采取必要调查和警告标识行动,以最好地保护自己免受《加州 65 号法案》的风险。

2.3 加拿大

2.3.1 法规简介

加拿大政府于 2012 年 12 月 14 日发布了一份经批准的 2012 年《禁止特定有毒物质法规》(Prohibition of Certain Toxic Substances Regulations, SOR/2012-285)。该法规取代了 2005 年发布的《禁止特定有毒物质法规》,并于 2013 年 3 月 15 日正式生效。该法规是针对多种物质风险管理的一种工具,旨在在加拿大境内通过禁止制造、使用、销售、提供、进口这些有毒物质或含有这些物质的产品(有一定数量的豁免),防止潜在风险对加拿大环境和公民健康造成伤害。截至 2024 年 2 月,禁止物质管控发展历程见表 2-9。

表 2-9 禁止物质管控发展历程

时 间	管控物质	时 间	管控物质
1996.4.30	管控 5 种物质	2010.9.30	管控 18 种物质
2003.3.20	管控 8 种物质	2013.3.15	管控 22 种物质
2005.5.16	管控 11 种物质	2016.10.15	管控 27 种物质
2007.2.10	管控 14 种物质	—	

2.3.2 管控要求

1. 管控范围

管控范围包括适用范围和豁免范围。

(1) 适用范围

①法规要求任何人不得制造、使用、销售、供货或进口法规附录 1 和附录 2 的有毒物质或含有这些物质的产品。

②法规附录 2 还列出了相应物质的允许使用用途。这些物质全部来自加拿大环境保护法附录 1 的有毒物质清单。

(2) 豁免范围

①危险废物、危险可回收材料或 1999 年《加拿大环境保护法》第 8

章第 7 部分所适用的非危险废物含有的有毒物质。

②《有害生物防治产品法》第 2(1)小节中定义的有害生物防治产品中含有的有毒物质。

③作为一种化学原料中存在的污染物。

④用于实验室分析、科学研究或者实验室分析标准中使用的有毒物质或含有有毒物质的产品。

2. 禁止物质和用途

法规规定的禁止物质列于表 2-10 中。

表 2-10 法规规定的禁止物质

第一部分(除豁免情形外,不允许在任何产品中含有)			
序号	物质	序号	物质
1	灭蚁灵	8	六氯丁二烯
2	多溴联苯	9	滴滴涕(DDT)
3	多氯三联苯	10	六氯苯
4	二氯甲基醚	11	多氯化萘(PCNs)
5	氯甲基甲醚	12	短链氯化烷烃(SCCAs)
6	4-氯苯基丙基甲酮	13	六溴环十二烷
7	N-亚硝基二甲胺	—	
第二部分(允许在物品中使用)			
序号	物质	序号	物质
1	1,6-己二异氰酸酯与 α-氟-ω2-羟乙基聚(二氟亚甲基),C16-20 支链醇和 1-十八醇,反应获得的均聚物	4	2-丙烯-1-醇与五氟碘乙烷四氟乙烯调聚物的反应产物,碘化氢,与环氧氯丙烷和三乙基四胺反应的产物
2	2-甲基-2-丙烯酸十六烷基酯与 2-羟乙基甲基丙烯酸酯,-ω 全氟 c10 -16 烷基丙烯酸酯和硬脂酰甲基丙烯酸酯的聚合物	5	多溴二苯醚
3	叔丁苯过氧碳酸酯引发的 2-甲基-2-丙烯酸-2-甲基丙酯、2-丙酸丁酯和 2,5 呋喃酮-全氟- c8 -14 烷基酯获得的聚合物		—
第三部分(禁止在特定产品中使用)			
六溴环十二烷		用于建筑或工程用的 EPS 和 XPS 泡沫塑料及中间体	

禁止的用途如下：

(1)第一部分列出了部分物质的允许使用用途,这些物质只能用于规定用途。

(2)第二部分列出了暂时允许使用物质的使用用途,2015年3月14日前BNST允许用作润滑剂的添加剂。

(3)第三部分列出了部分物质在特定产品中的允许浓度限值,这些物质可用于规定的产品中,只要浓度不超过表中规定的限值。

3. 使用许可

任何人制造或使用被禁止的有毒物质或含有这些物质的产品,从法规生效之日起,获得许可后可继续制造或进口这些物质或产品。制造或进口BNST或含BNST作为润滑剂添加剂的产品的任何人,可在2015年3月14日两年豁免到期后申请许可。使用许可的有效期为一年,申请人可在许可到期前至少提早30天提交续期申请,在同样的条件下只能续期两次。申请使用许可需提交的信息在法规附录4中规定,具体包括:申请人信息、有毒物质或含有毒物质的产品信息、替代物和替代技术不可行的说明、减少或消除危害所采取的措施、替代计划。

4. 年度报告

任何人制造或进口法规附录2第4部分的SCCAs、联苯胺和联苯胺二盐酸盐或含有这些物质的产品,物质浓度超出报告阈值时,必须在第二年的3月31日前提交年度报告。年度报告应包括如下信息:

(1)制造商或进口商信息。

(2)制造或进口的有毒物质或含有有毒物质的产品信息。

(3)若适用,确定产品中有毒物质浓度实验室的名称、地址、电话号码,以及Email和传真。

2.4 日　　本

2.4.1 法规简介

日本是世界上最早通过立法对化学物质进行风险管理的国家之一。1973年,日本颁布《关于对化学物质的审查及制造等管控的法律》

(简称《化审法》)。《化审法》是日本工业化学品管理的核心法律,由日本经济产业省、环境省和厚生劳动省共同实施。该法的目的是"通过构建新化学物质生产或进口前审查,以及现有化学物质生产、进口和使用等管理体系,预防可能对人体健康造成损害,或对动植物生长、繁殖造成影响的化学物质污染",主要包括新化学物质审查、风险评估、分级管理、基本信息报告等制度。该法先后于1986年、2003年、2009年和2017年进行了四次主要的修订,对新化学物质管理要求也不断完善。

2.4.2 管控范围

《化审法》管控对象涵盖所有化学物质,新化学物质和现有化学物质均在管控范围内。相关概念定义如下:

(1)化学物质:通过使元素或化合物发生化学反应而得到的化合物,不包括已有相应法律法规管理的放射性物质、特定毒物、农药、药品和化妆品等。通过查询日本现有化学物质和新化学物质名录(ENCS)名录可确认是否为新物质,现有物质被收入名录并分配官方公告序号(MITI号),否则即被视为新化学物质。

(2)新化学物质:指未列入《现有化学物质名录》和已登记新化学物质公示名录或相应管控名单的物质。可在官方发布的JCHECK数据库中查询,不同于欧盟REACH和中国新化学物质申报法规,日本使用MITI号对收录的化学物质进行编号,因此,MITI号可作为识别是否是新物质的标准。

(3)现有化学物质:指1974年4月16日以前已在日本生产或进口的化学物质,已列入《现有化学物质名录》不包括以试验研究为目的生产或进口以及作为试剂制造或进口的化学物质。该《现有化学物质名录》为固定名录,常规申报新化学物质登记后满五年不列入该名录。

2.4.3 分级管理

根据危害和风险,《化审法》将化学物质分为五个主要的层级进行管理,采取不同的管理措施。

(1)第一类特定化学物质,指具有持久性、生物蓄积性和毒性的化学物质,即PBT类物质,采取的措施是禁止生产和进口。

(2) 第二类特定化学物质,指具有持久性、毒性的化学物质,即 PT 类物质,政府根据需要可以限制其生产和进口量。

(3) 监视类化学物质,指具有持久性、生物蓄积性,但毒性不明的化学物质,即 PB 类物质,政府对其危害进行长期监视。

(4) 优先评估化学物质,确定优先开展环境与健康风险评估工作,详细掌握危害和使用情况。

(5) 一般化学物质,不在上述范围内的化学物质。

1. 新化学物质

新化学物质生产或进口前要求进行申报审查,未经申报审查禁止生产或进口。

申报主体为日本国内的新化学物质生产者或进口者。在国外生产新化学物质出口到日本的厂商或向日本出口的贸易商也可申报,但只能进行常规申报。国外厂商或贸易商取得登记后,日本国内相应进口者无需再进行申报。

申报方式有常规申报、少量申报、低产量申报、低关注高分子化合物申报和中间体申报等。除常规申报外,其余登记类型必须是日本境内的企业才可以申请。新化学物质申报要求见表 2-11。

表 2-11 新化学物质申报要求

类 型	吨 位	申报人	后续义务	受理时限	审查时限
常规申报	>10 t/a	海外供应商	一般物质:年报	每年 10 次	约 4 个月
低产量申报	<10 t/a 全国总量	日本生产进口商	年报,1 年后公布名称	每年 10 次	约 4 个月
少量申报	≤1 t/a 全国总量		每年数量确认	在线每年 10 次	约 4 个月
中间体	不限		每年数量确认,每年 3 月 31 日到期	每年 4 次,在线每年 10 次	约 1 个月
少量中间体	≤1 t/a		年报,变更数量时需重新申报	随时	约 1 个月
低关注聚合物	不限		—	随时	约 1 个月

经济产业省、环境省和厚生劳动省共同负责新化学物质审查、批准和施行控制措施。企业生产或进口新化学物质前,必须向三省提交新化学物质特性信息。其中,经济产业省负责降解性和蓄积性信息的审查;环境省负责生态危害性信息的审查;厚生劳动省负责人体健康危害性信息的审查。形式审查结束后,三省联合组织专家评审,经评审具有持久性、生物蓄积性和毒性的化学物质,不得在本国境内生产和进口。若获得生产许可,三省联合开展对生产和使用企业的现场检查,完成《化审法》中对企业的监督管理工作。常规申报的新化学物质登记后,如未被指定列入相应管理清单,则登记满 5 年后将列入已公示化学物质名录,并予以公布,按照现有化学物质进行管理。

2. 现有化学物质

《化审法》针对现有化学物质建立了全面的风险评估制度。日本全国约有 28 000 种现有化学物质。每年对其中生产/进口量大于 10 t 的化学物质(约 8 000 种),根据每种化学物质的暴露等级(预计向环境中的排放量)和危害等级(有害程度),通过矩阵筛选出风险高的化学物质,作为优先评估对象,如图 2-4 所示。

	危害程度			
暴露量	1	2	3	4
1	高	高	高	高
2	高	高	高	中
3	高	高	中	中
4	高	中	中	低
5	中	中	低	低

图 2-4 化合物风险评估矩阵示意

2012 年,日本发布《优先评估化学物质风险评估方法》技术文件,对评估方法进行了一般性规定。2014 年,三省联合发布《优先评估化学物质风险评价技术指南》,详细规定了开展风险评估的技术内容,用于指导开展优先评估化学物质的风险评估。优先评估化学物质的风险评估分成了两类:

(1)基本风险评估(primary risk assessment):主要采用通用方法对所有优先评估化学物质开展风险评估。

(2)二级风险评估(secondary risk assessment):主要对那些获得了新的慢性危害数据的优先评估化学物质开展再评估。

其中,基本风险评估包括3个阶段:

①Ⅰ阶段评估(assessment Ⅰ),基于现有信息对优先评估化学物质开展初步评估,主要目的是对进入下一阶段评估的化学物质进行优先性排序。

②Ⅱ阶段评估(assessment Ⅱ),对于Ⅰ阶段评估结论为存在风险的优先评估化学物质进一步优化危害数据和环境暴露数据,基于新数据重新进行评估,以确定是否将该物质列入第二类特定化学物质名录进行管理。

③Ⅲ阶段评估(assessment Ⅲ),对于生产使用和处置方式发生改变,并且有新的环境暴露监测数据的优先评估化学物质,重新开展评估,并确定是否有必要制定危害数据调查与监测计划。

2.5 新 加 坡

2.5.1 法规简介

新加坡国家环境署(NEA)于 2015 年 7 月 9 日向世界贸易组织(WTO)通报了《新加坡 RoHS 法案》,提出将 6 种电子电气设备(EEE)中的限制使用危险物质(RoHS)包括在环境保护与管理法案(EPMA)一览表Ⅱ中。新加坡限制使用危险物质(SG RoHS)来自欧盟关于限制使用危险物质(RoHS)的指令 2011/65/EU。列出的所有电子电气设备(EEE)如果在新加坡生产或进口销售必须遵守限制规定。国家环境署(NEA)于 2015 年 4 季度在新加坡官方公报上公布 SG RoHS,限制规定自新加坡官方公报公布之日起 1 年生效。

2.5.2 管控范围

管控范围包括移动电话、便携式计算机、电冰箱、空调、平板电视、洗衣机。

2.5.3 管控物质

《新加坡 RoHS 法案》管控物质见表 2-12。

表 2-12 《新加坡 RoHS 法案》管控物质

管控物质	限值（以均质材料计）
铅(Pb)	0.1%
镉(Cd)	0.01%
汞(Hg)	0.1%
六价铬(Cr-Ⅵ)	0.1%
多溴联苯(PBB)	0.1%
多溴联苯醚(PBDE)	0.1%

2.6 澳大利亚

2.6.1 法案简介

澳大利亚于1989年首次颁布的法案《工业化学品申报评估法案1989》(Industrial Chemical Notification and Assessment Act 1989)，旨在建立全国性的工业化学品注册和评估体系。为了加强澳大利亚境内工业化学品的监管，借鉴日本、美国等国家的做法，澳大利亚于1990年成立了国家工业化学品通告评估署(NICNAS)，并制定了澳大利亚现有化学物质名录(australian inventory of chemical substances, AICS)。对于未列入 AICS 的工业化学品(除非满足豁免条件)，在首次生产或进口前，需履行向 NICNAS 进行申报并获得许可的义务。

2015年起，NICNAS 启动了法规修订计划，目的在于重新平衡事前和事后的监管要求，通过改善目前的新物质和现有物质评估流程，采用更多的工具等手段提高效率，减轻合规压力。截至2024年2月，NICNAS 先后共发布了5次修改预案公开征求意见。主要的修订方向包括：

(1) 划分新物质为三类(豁免，报告，评估)。

(2)引入风险矩阵(risk matric),分为三挡:极低风险的物质、低风险的物质、中高风险的物质。
(3)减少评估数量和负担。
(4)使用更多工具或多种手段。
(5)更多 CBI 的规定等等。

2.6.2 管控范围

法案管控工业化学品。依据法案,工业化学品定义为具有工业用途的化学物质,包括化合物、元素以及混合物中的组分,应用于黏合剂、涂料、颜料、溶剂、墨水、墨粉、洗漱用品、化妆品、口红、家用清洁产品、塑料、实验试剂等领域。

以下情况不在法案管控范围内:
(1)物品、混合物和具有放射性的化合物。
(2)农药、兽药、医药、食品添加剂等化学物质,它们的管理由其他法规另行规定,包括《农业和兽用化学品(准则)法》《国家残留物调查管理法》《医用产品管理法》《澳大利亚—新西兰食品(标准)法》。

2.6.3 管控措施

一般来说,化学品出口到澳大利亚,需遵守 NICNAS 规定的登记、新化学物质通报义务。澳大利亚现有化学物质清单(Australian Inventory of Chemical Substances,AICS)收录了从 1977 年 1 月 1 日到 1990 年 2 月 28 日之间澳大利亚所使用的全部化学物质,该清单收录了超过 38 000 种化学物质。与 TCSA 名录类似,包括公开和保密两个部分,列入名录的为现有化学物质,未列入名录的为新化学物质,需执行不同的要求。

1. 现有化学物质

对于列入 AICS 名录的化学物质,根据 NICANS 的管理要求,属于现有化学物质,在进口/生产前无需履行申报义务,但需要提醒大家特别关注"secondary notification"和"condition of use"这两栏的相关信息,一方面确认化学物质的用途是否符合目录要求,另一方面是确认是否有二次评估的规定。NICNAS 规定:澳大利亚境内化学品进口商或制造商在一个注册年(9月1日—次年8月31日)内,用于商业目的工业化学品,无论数量多少(豁免除外)均需向 NICNAS 登记。登记并不涉及所登记产品的毒理性、危害性,仅仅是对企业信息以及交易信息进行登记,以保证产品能顺利进行生产或者进口。NICNAS 登记的目的是通过 NICNAS 与工业界之间共同努力,实现工业化学品的安全使用与可持续发展。企业通过 NICNAS 登记可以更加了解澳大利亚境内化学品法规相关知识,从而更加规范、安全使用化学品;同时,NICNAS 登记有助于企业与政府之间、企业与客户之间交流。如果企业未进行 NICNAS 登记,同时还在进行商业目的的化学品生产或销售,就违反了该法案规定,在企业满足法案的要求前 NICNAS 会停止企业的工业化学品引进。

2. 新化学物质

任何不在清单中的化学物质均被称为新化学物质(超出了1989指令的管控范围或者已被豁免的物质除外),这些新化学物质包括公开和保密两个部分,在进口或者生产投放到澳大利亚境内前必须向 NICNAS 提交申请证书或者许可证,企业可以通过几种不同的形式向 NICNAS 进行通报,NICNAS 通过企业递交的详细信息对环境、公众健康、职业健康和安全等方面进行评估,通过后予以发放证书或者许可证。

所有进行过许可或登记类型评估的,还未列入名录中的新化学物质和已列入名录中的现有物质,如果遇到以下情况,注册人需进行二次申报(secondary notification)并由 NICNAS 展开评估,或者注册人可以提交资料咨询 NICNAS 确认是否需要进行二次申报:

(1)化学物质的功能或者用途已发生或可能发生改变。
(2)化学物质的进口数量已发生或可能发生变化。
(3)由原先进口转变为自身生产。
(4)生产工艺已发生或可能发生改变。
(5)获得有关化学品对健康和环境造成不利影响的附加信息。
(6)已经发生在评估报告建议的其他情形。

3 国内标准与要求

3.1 TB/T 3139

铁道行业标准 TB/T 3139 为国内实施的推荐性铁道行业标准,首版由我国铁道部于 2006 年发布,2007 年 5 月 1 日正式实施。它的推出,使相关企业可以通过检测的方式量化机车车辆材料及室内空气中的有害物质并加以规范和限制。TB/T 3139—2006《机车车辆内装材料及室内空气有害物质限量》实施 10 多年间,我国高速铁路取得了飞速发展,高速动车组内饰材料和客室内部构造更发生了巨大的变化。内装材料作为机车车辆必不可少的组成部分,在车辆制造过程中需要大量应用,既需要达到美观的效果,又需要满足车辆运行的要求和有害物质的环保要求。为更好地保证司乘人员的健康安全、减少环境污染,国家铁路局于 2018 年将 TB/T 3139—2006 的修订工作正式列入铁路技术标准项目计划中。经过大量的基础研究和业内专家的多次探讨,2021 年 3 月 5 日,国家铁路局批准发布了 TB/T 3139—2021《机车车辆非金属材料及室内空气有害物质限量》铁道行业技术标准,该标准是对 TB/T 3139—2006 的首次、重大修订。

与 TB/T 3139—2006 相比,TB/T 3139—2021 标准主要修订内容包括扩大内装材料种类,变更甲醛释放量测试方法,增加加热质量失重指标,增加禁限用物质要求,变更车内空气准备工况及检测方法。TB/T 3139—2021 标准适用于机车、客车、动车组车内用非金属材料和司机室、客室等室内空气的有害物质限量,机车、客车、动车组用非金属材料禁用限用物质限量。

3.1.1 车内用非金属材料有害物质

1. 材料分类

新旧版本 TB/T 3139 车内装材料分类如下:

(1)TB/T 3139—2006 标准内装材料分为 7 大类别:结构材料、装饰材料、胶黏剂、油漆涂料、橡塑制品、纺织品、地毯。

(2)TB/T 3139—2021 标准内装材料分为 10 大类别:板材类材料,铺地材料,胶黏剂,涂料,橡塑制品,纺织品,保温材料,座椅、卧铺、发泡材料,覆膜、背胶材料,地毯。

2. 管控有害物质

TB/T 3139—2021 车辆内装材料分类及有害物质管控,见表 3-1。

表 3-1 车辆内装材料分类及有害物质管控

材料分类	产品类型	有害物质明细
板材类材料	高压装饰板(贴面板)、贴面胶合板、胶合板、夹层结构类材料、纤维增强类材料、发泡类结构材料、工程塑料等板材材料	甲醛、加热失重
铺地材料	含地板布及高分子材料地板(如防腐地板等)	可溶性铅镉、挥发物含量
胶黏剂	溶剂型、水基型、本体胶黏剂	游离甲醛、苯、甲苯+二甲苯、甲苯二异氰酸酯、二氯甲烷、1,2-二氯乙烷、1,1,2-三氯乙烷、三氯乙烯、挥发性有机化合物(VOC)、加热失重
涂料	溶剂型、水性涂料、水性阻尼涂料	游离甲醛、苯、甲苯+二甲苯、甲苯二异氰酸酯、甲醇、卤代烃总和、乙二醇醚及醚酯总和、重金属、烷基酚聚氧乙烯醚总和、挥发性有机化合物(VOC)
橡塑制品	不规则橡塑制品(如密封条、橡胶风挡、地梁、衣帽钩等)。规则橡塑制品(折棚风挡用棚布)	可溶性铅镉、挥发物、加热失重
纺织品	纺织品	甲醛
保温材料	无机纤维类保温材料(如玻璃丝棉、毡、碳纤维棉、纳米隔热材料等)。发泡类保温材料(包含橡塑发泡)。其他轻质保温材料	甲醛释放量、加热失重

续上表

材料分类	产品类型	有害物质明细
座椅、卧铺发泡材料	座椅、卧铺发泡材料	加热失重
覆膜、背胶材料	覆膜、背胶材料(如装饰膜、贴膜、胶膜等)	甲醛释放量、可溶性铅镉
地毯	地毯	甲醛、苯乙烯、4-苯基环己烯、总有机挥发物

3.1.2 机车车辆非金属材料禁用物质、限用物质

TB/T 3139—2021标准一个非常显著的特点是车辆产品的管控范围由内装非金属材料扩展到整个车辆的非金属材料,同时将禁用物质指标和限用物质指标纳入标准要求内。此部分管控指标实际上是对铁总50号文的细化、分析和完善,通过相关试验明确了技术要求、限值指标、试验方法,详细内容见附表5。需要特别强调以下注意事项:

(1)无法用机械方法(如拧开、切割、碾压、割削、研磨)进一步拆分的零件或组件且各部分组成为相同材料的均质材料,按同种材料进行测试。

(2)单件质量不超过50 g的产品可不进行禁用、限用物质的测试。

(3)液体样品如胶类、漆类、油脂类产品等,按照最终使用状态制样测试。

(4)同种类但不同颜色的产品需分别检测铅及其化合物、镉及其化合物及芳香胺。

3.1.3 机车车辆室内空气中有害物质限量

1. 指标要求

标准对车内空气的管控依据现行GB/T 18883《室内空气质量标准》,涉及两个指标。

(1)总挥发性有机化合物(TVOC)浓度$\leqslant 0.6$ mg/m³。

(2)甲醛浓度≤0.1 mg/m³。

甲醛是一种无色、有特殊刺激性气味的气体,是潜在的强致突变物之一,已被世界卫生组织(WHO)确定为致癌和致畸性物质,对人体健康的影响主要表现在嗅觉异常、刺激、过敏、肺功能异常、肝功能异常、免疫功能异常等方面,且个体差异很大。

TVOC 是总挥发性有机化合物,在现行 GB/T 18883 中给出的定义为:利用 Tenax GC 或 Tenax TA 管采样,非极性色谱柱(极性指数小于 10)进行分析,保留时间在正己烷和正十六烷之间的挥发性有机化合物,如图 3-1 所示。TVOC 暴露浓度范围与人体健康效应的反应关系见表 3-2。

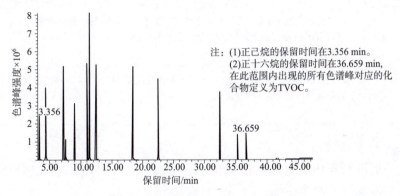

图 3-1 气相色谱质谱中 TVOC 示意

表 3-2 TVOC 暴露与健康效应的剂量反应关系

浓度范围/(mg·m⁻³)	健康效应
<0.2	无刺激、无不适
0.2~3	与其他因素联合作用时可能出现刺激和不适
3~25	刺激和不适;与其他因素联合作用时可能有头痛
>25	除头痛外,可能出现其他的神经毒性作用

2. 工况要求

对于整车车内空气质量检测前的工况模拟,TB/T 3139—2021 标准结合实际情况进行了调整,目前包括两种不同的工况,详见表 3-3。

同时标准明确指出:型式试验按照工况 1 执行;例行试验按照工况 2 执行;特殊要求可由供需双方协商确定。但是出现下列情况时应进行型式试验:

(1)新型车定型时。
(2)材料和工艺发生重大变化时。
(3)转场生产时。
(4)停产超过 1 年恢复生产时。
(5)连续生产满 3 年时。

表 3-3　TB/T 3139—2021 工况要求

分　类	要　　求
工况 1	在车内温度不低于 35 ℃的条件下关闭门窗、空调新风和废排风口,封闭 12 h,再开启空调至自动运行或设置空调目标温度为(24±2)℃,2 h 后进行采样测试,采样温度不低于 16 ℃
工况 2	在自然状态下关闭门窗、空调新风和废排风口,封闭 12 h,开启空调至自动运行位或设置空调目标温度为(24±2)℃,2 h 后进行采样测试,采样温度不低于 16 ℃

3. 试验方法

标准对车内空气的管控依据现行 GB/T 18883《室内空气质量标准》,涉及以下两个指标:

(1)甲醛试验方法优先采用 GB/T 18204.2—2014 中酚试剂分光光度法,也可采用 HJ/T 400—2007 中附录 C 的规定进行试验,仲裁采用 GB/T 18204.2—2014 中酚试剂分光光度法。

(2)总挥发性有机化合物试验方法按 GB/T 18883 的规定进行。

4. 行业内其他要求

(1)铁路主管部门

除了 TB/T 3139—2021 明确了车内空气有害物质的管控要求,各主机厂和铁路主管部门提出了适合各自需求的执行方式。例如,中国铁路总公司于 2019 年 5 月 22 日发布了机辆动客函〔2019〕48 号文件,该文件也包含了两种工况,见表 3-4。

表 3-4　机辆动客函〔2019〕48 号文工况要求及适用范围

分　类	要　求
工况 1	在车内温度不低于 35 ℃条件下关闭门窗、空调新风和废排风口,封闭 12 h,再开启空调(置自动运行位),2 h 后进行采样测试。 适用于每个合同批次的首列动车组和每个季度抽检动车组的检测和报告要求
工况 2	在自然条件下关闭门窗及空调新风和废排风口,封闭 12 h,再开启空调(置自动运行位),2 h 后进行采样测试适用于除工况 1 适用范围以外的其他情况

(2)中国中车股份有限公司

与 TB/T 3139—2021 车内空气部分相比,中国中车股份有限公司管控方式的不同主要体现在以下两个方面:

①调整检测的工况要求为:在整备状态下将车窗、车门关闭,先自然状态下封车 8 h,再开启空调自动模式 4 h 后开始测试。当环境温度＞－5 ℃时,车内测试温度为(24±2)℃;当环境温度≤－5 ℃时,车内测试温度不低于(18±2)℃。

②将便携式甲醛和便携式 TVOC 检测纳入检测方法,应用于例行试验。

中车株洲电力机车有限公司管控方式的不同主要体现在管控指标和醛类物质的分析方法上。

a. 在管控指标方面,除了管控甲醛和 TVOC,还管控了乙醛、丙烯醛、苯、甲苯、二甲苯、乙苯、苯乙烯等。

b. 在醛类物质的分析方面,仅采用 DNPH 硅胶管采集车内气体,高效液相色谱法分析。

整体来看,中车株洲电力机车有限公司实施了更加严格的管控措施,管控效果也会更明显。

3.2　禁限用物质管控

相比汽车行业在有害物质管控方面有相应的法规、针对性的标准及成熟的管控体系,我国轨道交通车辆行业对有害物质的管控,还处于完善阶段,相关法律法规或行业标准的发布较为滞后。但随着轨道交通车辆的不断发展,产品中有害物质的管控也在不断发展,除了TB/T 3139—2021,铁路主管部门和各主机厂也有发布各自的技术规范要求。

3.2.1 铁总50号文

1. 文件提出的背景

2014年1月4日—5日,中国铁路总公司科技管理部、运输局车辆部在北京共同组织召开了速度350 km/h中国标准动车组技术条件评审会。会议通过了由国内高速列车制造企业、相关大学、科研院所和运用单位共同研究编制的技术文件《时速350公里中国标准动车组暂行技术条件》(铁总科技〔2014〕50号,以下简称"铁总50号文")。该文件以实现动车组自主化和标准化、拥有自主知识产权为目标;遵循安全可靠、简统化、鼓励技术创新和节能环保原则;通过产学研用协同创新,充分应用现有动车组运用经验,为速度350 km/h中国标准动车组的研制打下良好的基础。

2. 文件适用范围

文件适用于速度350 km/h的中国标准动车组。

3. 禁限用物质管控要求

文件提出了禁用材料和限用材料的要求。其中禁用材料19种,限用材料40种,除了包含TB/T 3139—2006中涉及的铅、镉、汞、铬等重金属外,还参考我国国家标准和其他国家的法规及标准,增加了管控的物质种类,见表3-5。

表3-5 铁总50号文禁用材料和限用材料

分类	具体名称
禁用材料 (19种)	4-硝基联苯、2-萘胺、对二氨基联苯、4-氨基联苯、石棉、CFC-氯氟碳、单甲基二溴二苯甲烷、(Ugilec 121或21)单甲基二氯二苯甲烷、(Ugilec 141)单甲基四氯二苯甲烷、全溴氟烃(Halon)、壬基苯酚、壬酚乙基物、八溴联苯醚(Octa-BDE)、PCP-五氯苯酚及其盐类和酯化物、PCT-多氯三联苯、五溴二苯醚(Penta-BDE)、短链氯化石蜡(SCCP)、铅基油漆、高浓度卤素

续上表

分　类	具体名称
限用材料 （40种）	HCFC-氟氯烃、砷及其化合物、镉及其化合物、铅及其化合物、汞及其化合物、PBB-多溴联苯、PCB-多氯联苯、氟化温室气体、HFC（氢氟碳化物）、PFC（全氟碳化物）、六氟化硫（SF6）、甲醛、异氰酸酯类、挥发性有机化合物（VOC）、甲苯、三氯苯（TCB）、三氧化锑、铍及其化合物、六价铬化物、氯化钴、十溴联苯醚（Deca-BDE）、人造矿物纤维（MMMF）、中链氯化石蜡（MCCP）、镍、四氯乙烯、邻苯二甲酸酯类：邻苯二甲酸丁苄酯（BBP）、邻苯二甲酸二丁酯（DBP）、邻苯二甲酸二（2-乙基己基）酯（DEHP）、邻苯二甲酸二异壬酯（DINP）、邻苯二甲酸二异癸酯（DIDP）、邻苯二甲酸二辛酯（DNOP）、邻苯二甲酸二异丁酯、邻苯二甲酸二甲酯、多环芳烃（PAH）、聚氯乙烯（PVC）、滑石（Talcum）、福美双（TMTD）、有机锡化合物、磷酸三苯酯（TPP）、三（2,3-二溴丙基）磷酸酯、三吖啶基氧化磷

3.2.2　Q/CNR J 00011—2014

1. 标准适用范围

2014年5月27日，中国北车股份有限公司发布了企业标准Q/CNR J 00011—2014《轨道交通装备产品禁用及限用物质》，该标准适用于中国北车股份有限公司设计及生产制造的轨道交通装备产品，包括所有的材料、元件、部件、配件和产品，以及所有产品的全部包装、辅料和将随产品交货的间接原料。

2. 禁限用物质管控要求

标准Q/CNR J 00011—2014参考了众多国际环保法规、指令和标准，从国际角度出发，对轨道交通装备产品的环保提出了较高的要求，几乎覆盖了所有轨道交通装备产品相关的有害物质。其中禁用物质23类，限用物质29类。相关标准涵盖范围和管控要求见表3-6和附表7。该企业标准虽未对禁用或限用物质的含量做出规定，但涉及产品和材料的范围更广，涵盖有害物质的种类及数量更多。

表3-6　Q/CNR J 00011—2014标准引用法规分类

法规分类	法　规　号	备　　注
欧盟法规限制物质	(EC)No 1907/2006	REACH法规
	COM/2004/0320	对指令76/769/EEC的第12次修订（甲苯和三氯苯）
	2006/122/EC	对指令76/769/EEC的第30次修订（PFOS）

续上表

法规分类	法 规 号	备　注
电子电气产品	2011/65/EU	欧盟 RoHS 指令
	IEC 61249-2-21:2003	卤素限制
消耗臭氧层物质	阿根廷第 1640/2012 号法规	禁止氯二氟甲烷
	(EC)No 2307/2000	欧盟禁用臭氧层破坏物质法规
	中华人民共和国环境保护部公告 2009 年(第 68 号)	禁止四氯化碳
VOC	2004/42/EC	欧盟油漆清漆 VOC 指令
温室效应	2003/87/EC	欧盟温室气体排放配额交易体系指令
植物保护	91/414/EC	欧盟农药管理指令

3.2.3　Q/CRRC J 26—2018

2018 年 11 月 6 日,中国中车股份有限公司(以下简称"中车")以铁总 50 号文中规定的 19 种禁用材料和 40 种限用材料为基础,参考国际法规标准及指令对这些物质的管控要求,确定了中车禁用和限用材料的管控范围和限量要求,并发布了 Q/CRRC J 26—2018《轨道交通装备产品禁用和限用物质》以下简称"J26",该企业标准于 2019 年 2 月 1 日正式实施。

1. 标准适用范围

标准适用于中车设计及生产制造的轨道交通装备产品。

2. 重要定义

为了统一理解和规范表述,标准中首次对禁用物质、限用物质、均质材料的概念做了解释说明。相关说明如下:

(1)均质材料(homogeneous materials):零件或组件用机械方法(如拧开、切割、刮削、研磨等)无法被进一步拆分且各部分组成为相同的材料,如单一的塑胶、金属、玻璃等常见均质材料。图 3-2 列举了常见的均质材料,图 3-3 列举了常见的机械拆解工具。

图 3-2　常见均质材料　　　　图 3-3　常见机械拆解工具

（2）禁用物质（prohibited substances）：法律法规和标准文件中禁止用于某种用途或禁止超过规定限量值的物质（禁止的用途和禁止的限量）。

（3）限用物质（restricted substances）：法律法规和标准文件中规定其含量不应超过规定限量值的物质，如果材料中的物质含量高于规定的限值要求，则应列出材料存在的位置、含有的物质名称及含量（限制超过规定的限量）。

3. 禁限用物质管控要求

轨道交通新材料新技术在不断发展进步，产品生产者和使用者对其环保水平也越来越重视。经过 5 年的摸索，有害物质管控要求也逐渐规范和统一。与铁总 50 号文和 Q/CNR J 00011—2014 企标相比，中车企标在有害物质的管控上更深入细致。

（1）对产品使用者进行了区分，除了满足本企业标准的要求外，还应考虑产品使用者当地法律法规的符合性。

（2）明确了产品设计和采购过程中，需要以合同的形式向供应商明确有害物质的管控要求。

（3）区分了豁免产品及要求，对于不在豁免范围内的产品或零部件，如因为技术上不能满足要求，供应商可提出产品对禁用物质的豁免申请，并提供申请报告及提出可替代计划。

（4）对禁限用物质的管控范围、限值要求和检测方法均有明确规定。相关豁免要求和禁限用物质管控要求见附表 8 和附表 9。

3.2.4 各主机厂[①]技术规范和要求

除了铁路主管部门和中车,各大主机厂在现有有害物质管控方式的基础上发布了符合各自企业现状和生产特点的技术规范要求,其实施的时间顺序见表3-7。

表3-7 相关主机厂有害物质管控企业标准

主机厂	实施时间	标准名称
株机	2015年5月30日	Q/TX Q2-003-2015《轨道交通产品禁用物质》
长客	2017年8月25日	SJTY-ZT-003 A版《轨道交通装备产品禁用限用物质技术规范》
唐山	2018年6月29日	TCF00000214175 A版《铁道客车产品禁用限用物质技术规范》

1. Q/TX Q2-003-2015

株机企标管控范围包含轨道交通产品及其包装材料,管控22种禁用物质,企标中特别指出了针对油漆涂料、胶黏剂的产品按照实际工艺条件混合、烘干或固化后测试。具体管控物质和材料见表3-8。

表3-8 株机禁限用物质管控要求

序号	物质名称	禁用领域
1	短链氯化石蜡(SCCP)	全部禁用
2	多溴联苯(PBBs)	会和皮肤接触的纺织制品
3	三(2,3-二溴丙基)磷酸酯	会和皮肤接触的纺织制品
4	三-(氮杂环丙基)磷酸盐	会和皮肤接触的纺织制品
5	砷化合物	木材
6	石棉	全部禁用
7	硫酸铅	油漆涂料
8	碳酸铅	油漆涂料
9	镉及其化合物	油漆涂料
10	有机锡化合物	油漆涂料

---

① 各主机厂名称下均用简称,避免赘述。中车株洲电力机车有限公司(以下简称"株机"),中车长春轨道客车股份有限公司(以下简称"长客"),中车唐山机车车辆有限公司(以下简称"唐山"),中车青岛四方机车车辆股份有限公司(以下简称"四方")。

续上表

序号	物质名称	禁用领域
11	氟溴烃(Halon)	全部禁用
12	全氯氟烃(CFC)	全部禁用
13	含氢氯氟烃(HCFC)	全部禁用
14	四氯化碳(CTC)	全部禁用
15	甲基氯仿(TCA)	全部禁用
16	溴甲烷	全部禁用
17	多氯联苯(PCBs)	全部禁用
18	多氯化萘(PCNs)	全部禁用
19	六氯丁二烯	全部禁用
20	单甲基四氯二苯基甲烷	全部禁用
21	单甲基二氯二苯基甲烷	全部禁用
22	单甲基二溴二苯基甲烷	全部禁用

2. SJTY-ZT-003

长客企标适用于长客设计及生产制造的轨道交通装配产品的禁用和限用物质。具体管控分两个级别执行,所有产品均需满足 EU RoHS 2.0 和石棉的管控要求,动车组产品除了满足上述要求外还需要满足禁限用部分的管控要求,具体见附表 10。此外长客企标也规定了豁免的范围,与中车企标一致。

与中车标准相比,长客标准的不同之处主要体现在以下六个方面:

(1)禁限用部分未推荐相应的检测方法。

(2)暂未管控甲醛和挥发性有机化合物两个指标。

(3)针对管控纺织品、皮革偶氮染料的测试,管控化合物列为多个。

(4)将 CFC、HCFC、Halon、PFC、HFC、SF_6 等统一为臭氧层消耗物质,同时增加了 HBFC、四氯化碳、甲基氯仿、溴氯甲烷、甲基溴等五项。

(5)将木材、油漆涂料中的砷,增加到禁用部分,其余材料中的砷仍为限用部分。

(6) 将邻苯 DBP、BBP、DEHP、DIBP 等四项增加到禁用部分。

3. TCF00000214175

唐山企标适用于铁道客车产品,其禁限用物质管控要求和豁免范围与长客企标一致。

3.3 挥发性有机物管控

轨道车辆车内空气质量越来越受到关注。铁路行业的环保标准 TB/T 3139—2021 对车内空气质量做了管控要求,包含甲醛和 TVOC 两个指标,其中甲醛浓度不得超过 0.1 mg/m^3,TVOC 浓度不得超过 0.6 mg/m^3。轨道车辆因其空间有限,密封性好,内饰材料种类多等原因,驾驶员和乘客会长时间暴露于内饰件释放的 VOC 环境中,因此除了管控车内空气质量,内饰材料挥发性有机物的管控也尤为重要。车内空气部分在 TB/T 3139—2021 中做了详细的解释,本节内容不再单独展开,重点介绍部件和材料的挥发性有机物管控。

3.3.1 VOC 的相关基本概念

1. VOC 相关定义

VOC 不仅是室内空气污染物,也是室外空气污染物,VOC 的定义具有多样性。从环境空气质量方面可以将 VOC 定义分为以下两类:

(1) 健康 VOC 定义:关注室内空气质量,建筑内饰、车辆内装,人体健康潜在危害等。

(2) 环境 VOC 定义:关注室内室外质量,自然环境的破坏,生成臭氧,产品制造或使用过程的工业排放。

不同国家、机构、组织和标准对 VOC 有着不同的定义,从 VOC 物理和化学特征方面可以将 VOC 定义分为以下 4 类。

① 沸点定义

典型的沸点定义是"WHO 定义",WHO 基于人类健康曾建议将

VOC 定义为:沸点在 50～100 ℃至 240～260 ℃之间的有机化合物,简称为"WHO 定义"。

此外欧洲涂料、油墨和艺术颜料工业协会(CEPE)依据化合物的沸点提出的"1 atm 250 ℃ 定义",具体是指在 101.3 kPa 下,任何初沸点低于或等于 250 ℃的有机化合物,这也是目前国际上比较公认的定义。

②蒸发定义

此定义是国际标准化组织依据化合物的蒸发性提出的,它注重物质本身的蒸发性,是指在所处的大气环境的正常温度和压力下,可以自然蒸发的任何有机液体和/或固体,简称蒸发定义。欧洲溶剂工业集团(ESIG)也曾提出在 20 ℃时,饱和蒸气压大于或等于 0.01 kPa,或者在特定适用条件下具有相应挥发性的全部有机化合物的统称,简称 10 Pa 定义。CEPE 认为生产过程和设施排放的 VOC,使用蒸气压来定义是最好的。

③光化学定义

从环境角度来看,使用光化学定义是非常有益的,太阳光照射下,VOC 能与大气中的 NO_x、CO 等分子反应,是形成臭氧和细颗粒物污染的重要前体物。美国 ASTM D3960-98 将 VOC 定义为任何能参加大气光化学反应的有机化合物。美国联邦环保署(EPA)的定义为除 CO、CO_2、H_2CO_3、金属碳化物、金属碳酸盐和碳酸铵外,任何参加大气光化学反应的碳化合物,如图 3-4 所示。

④C6-C16 定义

从全球范围来看,室内空气质量标准(包括现行 GB/T 18883)中的总 VOC(TVOC)都采用 n-C6-n-C16 定义,其不同之处是按色谱保留时间来定义。

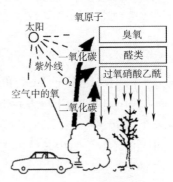

图 3-4 光化学作用

2. VOC 分类

VOC 分类的方式有很多种,可以按碳骨架分,按含有元素分,按官能团分,如图 3-5 所示。

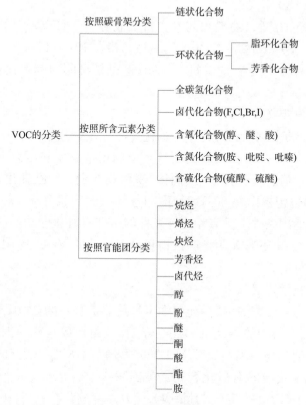

图 3-5　VOC 的分类

根据沸点不同,VOC 可分为极易挥发性有机物(VVOC)、挥发性有机物(VOC)和半挥发性有机物(SVOC)。其中 VVOC 的沸点小于 50 ℃,如甲醛(−21 ℃)、乙醛(20 ℃)等;VOC 的沸点介于 50～260 ℃之间,如苯(80 ℃)、甲苯(110 ℃)等;SVOC 的沸点介于 260～400 ℃之间,如邻苯二甲酸酯等。

3. VOC 危害

VOC 对人体健康的毒害主要表现在对皮肤、眼睛具有刺激性,对呼吸系统、血液系统、神经系统、肝肾脏有不同程度的损害,还有致癌、致畸、致突变的作用,部分化合物的危害见表 3-9。同时,VOC 是公认的区域复合型污染的重要前体物和参与物。VOC 能与大气中的其他化学成分反应,生成气溶胶等二次污染物,引发光化学烟雾、灰霾等。

表 3-9　VOC 的危害

化合物	危害
甲苯	抑制中枢神经系统
二甲苯	器官协调功能降低、肝脏损害、可能致癌
乙苯	对眼睛、皮肤、呼吸道具有刺激性
苯乙烯	疑似致癌物和致突变物
甲醛	严重刺激呼吸道,可使发炎、可能致癌
乙醛	急毒性和强烈刺激

3.3.2　中车科技〔2018〕326 号文

相比于汽车行业,轨道交通行业对 VOC 的管控起步晚,标准和体系还待完善,大多数情况参考汽车行业的标准进行。目前轨道交通行业对材料和部件挥发性有机物的管控以袋式法为主,方法参考 ISO 12219-2:2012,同时结合行业产品特征做了较为明确的规范说明和要求。2019 年 1 月 4 日,中车正式发布了《轨道交通车辆客室、司机室挥发性有机化合物管控技术要求(试行)》(中车股份科技〔2018〕326 号)文件,要求各大主机厂认真贯彻执行《轨道交通车辆客室、司机室挥发性有机化合物管控技术要求(试行)》相关要求。文件适用于新造、检修轨道交通车辆客室、司机室(包括乘务员室等)非金属材料、部件及整车的 VOC 管控,其他车辆参照执行。

1. 管控原则和要求

文件提出了"源头管控,主动释放,持续跟进,常态平衡"的总体原则,该总体管控原则明确了材料部件源头管控,生产制造过程管控,运行持续管控三个阶段的指导方法,并将该原则和方法分解到生产设计和采购的总体要求中。

(1)材料部件的源头管控,分三个环节进行:

①筛选出高风险重点管控材料,拟定清单和限值要求,见表 3-10 和表 3-11。在执行 TB/T 3139 的基础上,增加 VOC 管控的要求,其检测采用袋式法,项目包含苯、甲苯、乙苯、二甲苯、苯乙烯、甲醛、乙醛、丙烯醛、TVOC 和所测含量较高的前十种挥发性有机化合物(简称"TOP 10");

②对供应商产品下线后的后处理要求,见表 3-12。

③定期及时地检测和报告。

表 3-10 材料、部件的管控清单

类别	序号	材料和部件名称	类别	序号	材料和部件名称
材料	1	玻璃钢制品(喷漆)	材料	12	隔音隔热垫、调整垫、橡胶发泡类材料
	2	铝制品(喷涂)		13	地板支撑等用减振材料或件
	3	铝蜂窝覆膜(覆膜)		14	电线电缆用防护编织网或套管(橡胶)
	4	其他复合板		15	碳纤维、纤维棉
	5	胶合板内饰板(双贴面)		16	胶黏剂
	6	木骨(含防腐阻燃涂料)		17	涂料
	7	地板布	部件	18	风道
	8	电线电缆的防护品(塑料)		19	座椅
	9	窗帘、遮阳帘		20	电线电缆(1 800 V,185 M)
	10	地毯		21	卧铺
	11	三元乙丙橡胶条		22	司机室操作台

表 3-11 材料、部件的管控限值

序号	材料和部件名称	TVOC 限值/(mg·m^{-3})
1	玻璃钢制品(带涂料)	8.5
2	铝制品喷涂件	0.7
3	铝蜂窝覆膜	3.5
4	胶合板内饰板(双贴面,22 mm)	7.5
5	地板布	5.5
6	帘布	0.8
7	铝制/酚醛风道	0.7/2.5
8	二等座两人座椅	1.5

表 3-12 材料、部件的管控措施

工　序		管控措施	技术要求
供应商备料及运输	部件生产过程	通风	原材料自然通风,生产过程中尽量使用通风设备进行通风
		烘烤	喷漆后进行烘烤处理,产品下线后进行烘烤处理
		晾晒	产品下线烘烤后进行通风晾晒
	运输	包装防护用料	选用环保、透气性好的包装防护材料,并打孔
料件到厂存放		去除包装	零部件到达主机厂后去除顶部和周围的包装,并保证剩余底部包装可满足物流运输使用,晾置至少1天后发至施工场地

(2)生产制造过程管控结合整车制造工序特点及所安装材料、零部件的暴露情况,明确整车管控的重点制造工序及其管控措施,如图 3-6 所示。

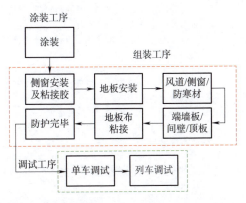

图 3-6 整车管控的重点制造工序识别

(3)运行持续管控主要是针对车辆生产下线后到实际上线载客前对车内空气的管理措施。上线前整备阶段采用"加热—通风"的循环模式改善车内空气质量,通常强制加热模式车内温度控制在 30~40 ℃;上线载客前整备阶段采用提前开启车辆空调进行车内通风不少于 1 h 的方式改善车内空气质量。

2. 车辆交验检测规范

文件除了规定材料和部件 VOC 的管控要求、限值、检测方法等,也规定了车内空气的布点、采样、测试方法,此部分内容在 TB/T 3139—2021 室内空气检测方法部分详细展开。

3.3.3　各主机厂技术规范和要求

现阶段材料和部件 VOC 的管控是采购验收的必要指标,因此各主机厂都发布了其管控的具体方法和要求,按照其现行有效版本发布的时间顺序详见表 3-13。

表 3-13　各主机厂 VOC 管控文件

主机厂	时　间	文件名称
株机	2015 年 5 月 30 日	Q/TXQ2-001.1《车内挥发性有机物和醛酮类物质限值及测定方法　第 1 部分》 Q/TXQ2-001.2《车内挥发性有机物和醛酮类物质限值及测定方法　第 2 部分》 Q/TXQ2-002.1《零部件及原材料挥发性有机物和醛酮类物质限值及测定方法　第 1 部分》 Q/TXQ2-002.2《零部件及原材料挥发性有机物和醛酮类物质限值及测定方法　第 2 部分》
长客	2018 年 6 月 13 日	GC(02)-09-02-032《车辆项目主要化工产品的甲醛和挥发性有机物技术规范》
	2018 年 12 月 30 日	SJTY-ZT-002《车内主要零部件和材料的甲醛和挥发性有机物技术规范》
四方	2019 年 3 月 6 日	SFT-NS-GHJT-001《轨道车辆内装非金属材料、部件 TVOC 管控通用技术要求》
唐山	2019 年 4 月 29 日	TCF00000222499 B 型《车内主要材料、部件的甲醛和挥发性有机化合物技术规范》

1. 株机 VOC 管控企业标准

株机对 VOC 的管控在各大主机厂中属于比较早也比较严格的,总体上可分为车内空气和材料与部件两个部分。

(1)车内空气部分

2015 年株机发布了车内空气管控的企业标准,由限值要求和具体检测方法两个文件组成。其管控指标并未局限于甲醛和 TVOC,而是包含了五苯三醛和 TVOC。2019 年 3 月株机又对这一指标进行了更新,增加了 TVOC TOP10 的管控要求,前后两次管控内容情况见表 3-14。

表 3-14 修订前后车内挥发性有机物管控指标

管控物质	2015 年指标 限值/(mg·m^{-3})	2019 年修订指标 限值/(mg·m^{-3})
苯	≤0.11	≤0.11
甲苯	≤1.10	≤1.10
二甲苯	≤1.50	≤1.50
乙苯	≤1.50	≤1.50
苯乙烯	≤0.26	≤0.26
甲醛	≤0.10	≤0.10
乙醛	≤0.05	≤0.05
丙烯醛	≤0.05	≤0.05
TVOC(C6-C16)	暂不做评价指标	≤0.6
TVOC TOP10	—	提供数据

(2) 材料与部件部分

2015 年株机同时发布了部件及原材料挥发性有机物和醛酮管控的企业标准,同样由限值要求和具体检测方法两个文件组成。针对筛选出的重点关注材料和部件明确管控的目标物质和限值,见表 3-15 和表 3-16。2019 年 3 月株机对这一指标进行了更新。对比修订前后的内容,可以看出修订版加严了管控的要求。

①TVOC 管控材料限制为 9 种。

②管控目标物在五苯三醛基础上增加 TVOC。

③同时限定检测对象为供货状态的产品。

④对于 TVOC 测试结果大于 5 mg/m^3 的情况需要供应商增加烘烤结合通风的后处理措施,以提高产品的环保质量。

表 3-15 部件及原材料挥发性有机物和醛酮类物质浓度限值

产品		浓度限值/(μg·m⁻³)							
		苯	甲苯	乙苯	二甲苯	苯乙烯	甲醛	乙醛	丙烯醛
部件	复合材料空调风道	≤30	≤30	≤30	≤30	≤30	≤200	≤30	≤30
	司机座椅	≤600	≤200	≤100	≤200	≤100	≤250	≤100	≤30
	添乘座椅	≤600	≤200	≤100	≤200	≤100	≤250	≤100	≤30
	乘客室座椅	≤30	≤1 000	≤2 000	≤2 000	≤500	≤2 000	≤300	≤30
原材料	橡胶地板布	≤30	≤150	≤100	≤300	≤2 000	≤50	≤400	≤30
	PVC 地板布	≤20	≤50	≤40	≤100	≤40	≤50	≤20	≤20
	复合地板	≤30	≤150	≤30	≤30	≤30	≤30	≤100	≤30
	玻璃钢（带油漆）	≤50	≤500	≤2 000	≤4 500	≤3 000	≤500	≤2 000	≤50
	铝蜂窝板（带油漆）	≤30	≤50	≤2 000	≤3 000	≤500	≤30	≤30	≤30
	空调风道保温棉	≤20	≤20	≤20	≤30	≤10	≤20	≤50	≤10
	空调吸音棉	≤20	≤20	≤20	≤50	≤20	≤20	≤40	≤10
	三聚氰胺发泡材料	≤30	≤30	≤30	≤30	≤30	≤800	≤30	≤30
	粘接胶	≤30	≤50	≤80	≤300	≤30	≤30	≤30	≤30
	贯通道篷布	≤30	≤8 000	≤100	≤150	≤30	≤30	≤100	≤30
	油漆涂料	≤30	≤50	≤2 000	≤3 000	≤500	≤30	≤30	≤30
	密封条	≤30	≤50	≤50	≤100	≤30	≤50	≤30	≤30
	超细玻璃棉	≤30	≤30	≤30	≤50	≤30	≤800	≤30	≤30
	塑料扣	≤30	≤30	≤30	≤30	≤30	≤30	≤30	≤30

表 3-16 部件及原材料 TVOC 浓度限值

部件及原材料名称	TVOC 浓度限值/(mg·m⁻³)
复合材料空调风道	2.5
铝制风道	0.7
乘客室座椅	1.5
橡胶地板布/PVC 地板布	5.5
玻璃钢（带油漆）	8.5
铝蜂窝板（带油漆）	3.5
油漆涂料	0.7
帘布	0.8
胶合板内饰板（双贴面 22 mm）	7.5

3 国内标准与要求

2. 中车长客VOC管控企业标准

中车长客对挥发性有机物的管控根据产品使用状态的不同分为两大类,一类是部件和材料,另一类是化工产品。化工产品由于其在使用前、使用过程中、使用后的状态差别很大,因此关注此类产品的特殊性并形成相应的规则和要求,是实现源头管控很有效且必要的措施。

(1)部件和材料部分

中车长客于2017年首次发布《车内主要零部件和材料的甲醛和挥发性有机物技术规范》,18年连续修订2次,修订企业标准适用于轨道车辆车内主要部件和材料中甲醛和TVOC的评价及管控,包括限量及管控要求和检测方法两大内容。

限量及管控要求部分,强调了内装材料环保性能除了执行TB/T 3139—2006《机车车辆内装材料及室内空气有害物质限量》标准外,还需要增加对室内空气影响比较大的高危材料和部件中甲醛和TVOC的管控,此外还需要检测乙醛、丙烯醛、苯、甲苯、二甲苯、乙苯、苯乙烯等,但这7种特殊要求的化合物不做限值要求,具体管控要求见表3-17。同时,料件入厂前也要求供应商对产品进行环保处理。推荐的环保处理方法见表3-18。

表3-17 管控材料和指标要求

材料类别	部件和材料名称		甲醛限值/$(mg \cdot m^{-3})$	TVOC限值/$(mg \cdot m^{-3})$
内装结构材料	玻璃钢制品带油漆	墙板、侧顶板、门罩板	0.2	4
		观光区顶墙板、司机室顶墙板、玻璃钢座椅	0.2	5
	金属制品喷涂件		0.1	0.65
	木制件(带表面处理)	胶合板地板含夹层架构	0.1	0.6
		胶合板间壁含夹层结构	0.1	0.5
	纸蜂窝复合制品(带表面处理)		0.05	0.5
	非木制夹层结构复合制品如铝蜂窝、铝发泡等		0.1	0.3
	风挡		0.1	0.6
	地毯		0.02	1.8

续上表

材料类别	部件和材料名称	甲醛限值/(mg·m⁻³)	TVOC 限值/(mg·m⁻³)
设备部件	地板布	0.02	1.8
	司机室遮阳帘	0.02	0.6
	客室卷帘	0.02	0.2
	防寒材料(纤维棉、碳纤维等)	0.03	0.2
	橡胶类板材(隔音隔热垫、调整垫、橡塑发泡材料等)	0.03	4
	橡胶件(门窗密封条)	0.02	0.15
	其他	0.02	2
设备部件	座椅套	0.02	0.1
	座椅(VIP、客室、司机室)	0.1	0.6
	风道	0.1	0.65
	行李架组件	0.02	0.6
	吧台台面	0.1	0.6
电气件	电线电缆	0.02	0.3
	司机室 PUR 罩板	0.02	4
	玻璃钢罩板(司机室)	0.05	2.5
	座垫(司机室)	0.1	0.5
	防滑垫、防划垫(司机室)	0.03	2
	编制网管、热缩管	0.07	0.1

表 3-18 环保处理推荐方法

产品类别	环保处理方法
玻璃钢制品	延长固化时间、加热烘烤;发货前放置于通风空间进行气体排放 14 天
地板布	高温加热烘烤后,通风晾晒 14 天
座椅发泡	加温烘烤,滚压排除气体,通风放置 3~4 天
座椅塑料件	通风 1~2 天
座椅成品	晾晒 7 天
橡胶件	避免使用再生胶,发货前通风晾晒 14 天
电线电缆	挤包和绕包工序增加通风,分盘工序增加加热,发货前通风晾晒 3 天
夹层间壁、地板	开口处封边处理,发货前通风晾晒 7 天

(2) 化工产品

中车长客于 2018 年首次发布了《车辆项目主要化工产品的甲醛和挥发性有机物技术规范》,主要适用于涂料、胶黏剂、阻尼浆产品和水性清洗剂产品中甲醛和挥发性有机化合物(苯、甲苯、二甲苯、乙苯、苯乙烯和 TVOC)的评价及管控。

(3) 胶黏剂

施工状态产品的甲醛和挥发性有机化合物按照 GB 18583—2008《室内装饰装修材料胶粘剂中有害物质限量》和 TB/T 3139—2006 方法及限值要求进行。固化后(21 天)产品检测指标需要满足表 3-19 要求。

表 3-19 胶黏剂产品固化后挥发性有机物测试限值

用胶部位类别	胶黏剂类型	限值/(mg·m^{-3})					
		甲醛	苯	甲苯	乙苯	二甲苯	苯乙烯	TVOC
防寒隔音材黏剂	水性胶	0.005	0.005	0.005	0.005	0.005	0.005	0.06
车窗粘接	弹性体胶	0.005	0.005	0.02	0.02	0.02	0.005	0.3
车窗密封	弹性体胶	0.005	0.005	0.02	0.02	0.02	0.005	0.3
车门密封	弹性体胶	0.005	0.005	0.02	0.02	0.02	0.005	0.3
地板支撑粘接	双组分环氧胶	0.06	0.005	0.005	0.09	0.35	0.005	0.8
	双组分甲基丙烯酸胶	0.4	0.2	0.08	0.005	0.005	0.005	7

(4) 油漆产品

施工状态产品的甲醛和挥发性有机化合物,溶剂型按照 GB 18583—2008 和 TB/T 3139—2006 方法和限值要求进行;水基型按照 GB 24410—2009 方法和限值要求进行。固化后(21 天)产品检测指标需要满足表 3-20 要求。

表 3-20 油漆类产品固化后挥发性有机物测试限值

涂料类别	涂料名称	限值/(mg·m^{-3})					
		甲醛	苯	甲苯	乙苯	二甲苯	苯乙烯	TVOC
溶剂型	底漆+腻子+中涂+面漆	0.01	0.005	0.005	0.02	0.05	0.5	3
	底漆+腻子+中涂+底色漆+清漆	0.01	0.005	0.005	0.02	0.05	0.5	3

续上表

涂料类别	涂料名称	限值/(mg·m⁻³)					
		甲醛	苯	甲苯	乙苯	二甲苯	苯乙烯	TVOC
水性	底漆＋腻子＋中涂＋面漆	0.01	0.005	0.005	0.02	0.05	0.5	3
	底漆＋腻子＋中涂＋底色漆＋清漆	0.01	0.005	0.005	0.02	0.05	0.5	3

(5) 阻尼浆产品

施工状态产品的甲醛和挥发性有机化合物按照 GB 18583—2008 和 TB/T 3139—2006 方法和限值要求进行。固化后(21 天)产品检测指标需要满足表 3-21 要求。

表 3-21　阻尼浆产品固化后挥发性有机物测试限值

使用部位类别	产品类型	限值/(mg·m⁻³)					
		甲醛	苯	甲苯	乙苯	二甲苯	苯乙烯	TVOC
车内用和车外用	水性	0.05	0.002	0.002	0.002	0.002	0.002	10

(6) 清洗剂产品

施工状态产品的甲醛和挥发性有机化合物按照 GB 18583—2008 和 TB/T 3139—2006 方法和限值要求进行,见表 3-22。

表 3-22　清洗剂挥发性有机物测试限值

使用部位类别	产品类型	游离甲醛/(g·kg⁻¹)	苯/(g·kg⁻¹)	甲苯/(g·kg⁻¹)	二甲苯/(g·kg⁻¹)	总挥发性有机物/(g·L⁻¹)
车内清洗剂	水性(内装和玻璃清洗)	0.1	0.1	0.1	0.1	10

3. 中车四方 VOC 管控企业标准

中车四方于 2019 年 3 月 6 日发布的第四次修订版的《轨道车辆内装非金属材料、部件 TVOC 管控通用技术要求》,适用于新造、检修轨道交通车辆客室、司机室、机械师室、乘务员室等空间用非金属材料、部件的 VOC 管控,其他车辆也可参照执行。文件明确了其在管控对象、管控措施、管控要求等方面的内容。

(1) 管控对象

企标管控17种材料、5种部件,不在企标范围内的产品需要供需双方商定,见表3-23。整体来看其管控范围与中车企标一致,但是细化了每个类别包含的具体产品。

表3-23 内装非金属材料和部件管控清单

类别	序号	材料和部件名称	类别	序号	材料和部件名称
材料	1	玻璃钢制品(喷漆)	材料	12	隔音隔热垫、调整垫、橡胶发泡类材料
	2	铝制品(喷涂)		13	地板支撑等减振材料或部件
	3	铝蜂窝覆膜(覆膜)		14	电线电缆用防护编织网或套管(橡胶)
	4	其他复合板		15	碳纤维、纤维棉、发泡类
	5	胶合板内饰板(双贴面)		16	胶黏剂
	6	木骨(含防腐阻燃涂料)		17	涂料
	7	地板布	部件	18	风道
	8	电线电缆的防护品(塑料)		19	座椅(含座椅蒙面布)
	9	窗帘、遮阳帘		20	电线电缆(1 800 V,185 mm^2)
	10	地毯		21	卧铺
	11	三元乙丙橡胶条		22	司机室操作台

(2) 管控措施

管控措施主要针对材料和部件在产生过程中及生产下线后的VOC改善和提升要求,分为通用要求和高危材料部件的特殊要求。

通用要求见表3-24,管控工序与中车标准一致,技术要求部分增加后处理的具体时间范围。

表3-24 非金属材料/部件管控通用措施

工 序		管控措施	技术要求
供应商备料及运输	零件、部件生产过程	通风	原材料自然通风:至少保证通风2天时间。生产过程中尽量使用通风设备进行通风:生产场地中有明确的通风设备;生产过程中有明确通风措施
		烘烤	喷漆后进行烘烤处理:烘烤温度不低于45 ℃,烘烤时间不少于24 h,每6 h通风一次,通风时间2 h;产品下线后进行烘烤处理
		晾晒	产品下线烘烤后进行通风晾晒:通风时间不少于2天
	运输	包装防护用料	选用环保、透气性好的包装防护材料,并打孔

续上表

工 序	管控措施	技术要求
料件到厂存放	去除包装	部件到达主机厂后去除顶部和周围的包装,并保证剩余底部包装可满足物流运输使用,晾置至少 1 天后发至施工场地

高危部件特殊要求见表 3-25,规定了详细的处理条件、烘烤温度、时间,通风时间等。

表 3-25　部分内装非金属材料、部件烘烤通风措施

序号	材料/部件	烘烤/通风措施
1	玻璃钢制品	措施:60 ℃烘烤 6 h,室外通风晾放 2 天,共进行两轮处理。 周期:产品下线后供货前至少保证 5 天以上时间的预处理
2	地板布	措施:70 ℃烘烤 12 h,室外通风晾放 1 天,共进行两轮处理。 周期:产品下线后供货前至少保证 3 天以上时间的预处理
3	座椅	措施:发泡、粘接件在 50~70 ℃环境下烘烤 4 h,烘烤后滚压排气,共进行两轮处理;橡塑类、蒙面布通风晾放 2 天。 周期:整件座椅组装完成后在指定区域通风 5 天
4	间壁	措施:60 ℃烘烤 12 h,室外通风晾放 2 天,共进行两轮处理。 周期:产品下线后供货前至少保证 5 天以上时间的预处理
5	顶板	措施:60 ℃烘烤 12 h,室外通风晾放 2 天,共进行两轮处理。 周期:产品下线后供货前至少保证 5 天以上时间的预处理
6	3D蜂窝墙板	措施:80 ℃烘烤 12 h,室外通风晾放 2 天,共进行两轮处理。 周期:产品下线后供货前至少保证 5 天以上时间的预处理
7	酚醛风道	措施:80 ℃烘烤 12 h,室外通风晾放 2 天,共进行两轮处理。 周期:产品下线后供货前至少保证 5 天以上时间的预处理
8	电线电缆	电线电缆装车前,保证在未包装的状态下通风凉放 30 天
9	胶合板	措施:70 ℃烘烤 12 h,室外通风晾放 2 天,共进行两轮处理。 周期:产品下线后供货前至少保证 3 天以上时间的预处理

(3)管控要求

内装非金属原材料、部件在执行 TB/T 3139—2006 标准的基础上,增加了 VOC 管控,测试项点包括"五苯三醛",即:甲醛、乙醛、丙烯醛、苯、甲苯、二甲苯、乙苯、苯乙烯,以及 TVOC 和 TVOC 中含量最高的前十种挥发性有机化合物质,测试方法为袋式法。其中地板布、玻

璃钢制品、3D蜂窝墙板、印刷铝板墙板、顶板、间壁、座椅、电线电缆、铝制酚醛风道、胶合板、帘布(窗口卷帘、司机室遮阳帘)、地毯等13种材料部件TVOC限值要求见表3-26。

表3-26 部分内装非金属材料、部件TVOC管控指标限值

序号	材料和部件名称		TVOC限值/$(mg \cdot m^{-3})$
1	地板布		1.5
2	玻璃钢制品(溶剂型面漆)		8.5
3	玻璃钢制品(水性面漆)		6.5
4	印刷铝板墙板		0.7
5	3D蜂窝墙板		1.2
6	顶板		0.8
7	间壁		3.5
8	座椅		1.3
9	电线电缆	EN50264-3-1 1 800 V 185 M 干燥	4
		RAILCAT7 100 Ω 4×2×AWG24 干燥	0.8
		EN50306-4 3P 300 V 8×0.75 mm S 干燥	0.5
10	铝制/酚醛风道		0.7/2.5
11	胶合板		7.5
12	帘布(窗口卷帘、司机室遮阳布)		0.8
13	地毯		1.8

4. 中车唐山VOC管控企业标准

中车唐山于2019年4月29日发布的《车内主要材料、部件的甲醛和挥发性有机化合物技术规范》,适用于轨道车辆车内主要材料、部件中的甲醛和总挥发性有机化合物(TVOC)的评价及管控,明确其在管控对象及指标限值、供应商管控要求、检测方法三个方面的内容。

(1)管控对象及指标限值

内装非金属原材料、部件在执行TB/T 3139—2006标准的基础上,增加了甲醛和TVOC管控,测试项点包括"五苯三醛",即:甲醛、乙醛、丙烯醛、苯、甲苯、二甲苯、乙苯、苯乙烯,以及TVOC和TVOC

中含量最高的前十种挥发性有机化合物质,测试方法为袋式法,其中甲醛和TVOC修订后的限值要求见表3-27。另外针对速度复兴号350/250 km/h动力分散型动车组和速度160 km/h动力集中型动车组分别制定了对应的管控要求,在企标附录A和附录B中有详细说明。

表 3-27　材料、部件管控要求

序号	材料和部件种类		内控规范修订限值	
			甲醛/$(mg \cdot m^{-3})$	TVOC/$(mg \cdot m^{-3})$
1	玻璃钢制品(带涂料)	墙板、侧顶板、门罩板	0.2	8.5
		司机室墙顶板、观光区墙顶板、玻璃钢座椅等		
2	金属制品喷涂件		0.1	0.7
3	铝蜂窝覆膜		0.1	3.5
4	胶合板内饰板	胶合板间壁	0.2	4
		胶合板地板、不带贴面的胶合板	0.2	
5	地板布		0.02	5.5
6	三元乙丙橡胶条(侧墙、侧窗)		0.02	0.6
7	电线电缆用防护编织网或套管		0.07	0.2
8	风道	铝制	0.1	0.7
		酚醛		2.5
		铝箔复合材料		3.5
9	座椅		0.4	1.5
10	电线电缆	1~1.5 mm²	0.02	0.3
		6~1.5 mm²	0.02	2.1
		150 mm²	0.02	2.3
11	风挡(双层风挡仅适用于内风挡)		0.1	4
12	行李架		0.02	1.5
13	座椅套		0.02	1
14	卧铺		0.4	1.5
15	木骨(含防腐阻燃涂料)		0.02	2

续上表

序号	材料和部件种类		内控规范修订限值	
			甲醛/(mg·m^{-3})	TVOC/(mg·m^{-3})
16	帘布(窗帘、遮阳帘)	侧墙板帘布	0.02	0.2
		司机室遮阳帘	0.02	0.6
17	地毯		0.02	1.8
18	橡胶类板材(隔音隔热垫、调整垫、橡胶发泡类材料)		0.03	4
19	地板支撑等用减振材料部件		0.03	4
20	防寒材料(碳纤维、纤维棉、玻璃棉等)		0.03	0.2
21	司机室操作台面	操作台PUR罩板	0.02	4
		操作台玻璃钢罩板	0.05	2.5
22	复合板	纸蜂窝复合板	0.05	0.5
		其他复合板	0.02	2

(2) 供应商管控要求

供应商对材料和部件的处理分为通用要求和强化要求。

通用要求与中车标准类似,但取消了料件到厂存放的管控措施要求,见表3-28。

表3-28 材料和部件管控通用要求

工 序	管控措施	技术要求
零件、部件生产过程	通风	原材料自然通风;生产过程中尽量使用通风设备进行通风
	烘烤	喷漆后进行烘烤处理;产品下线后进行烘烤处理
	晾晒	产品下线烘烤后进行通风晾晒
运输	包装防护用料	选用环保、透气性好的包装防护材料,并打孔

强化要求如下:必须使用强制专用加热设备加热,温度设定不小于45 ℃,上限温度根据不同材料自行设置,处理时间不小于24 h(每加热6 h通风一次,通风时间2 h),完成上述工作后进行检测。对于受温度影响较大的原材料及部件,可采取先进净化处理技术,如吸附捕捉、化学络合、负氧离子、光触媒等复合净化技术,确保产品合格交付。

4 法规与标准的测试执行

随着全球环境问题的日益严峻,世界各国对产品的绿色环保要求不断提高,各种环保法规纷纷出台。为了达到保护本国产业与市场的目的,各国竞相制定或者加强的本国绿色贸易政策,给我国产品出口带来巨大的挑战。

面对日趋严格的环保要求,在不同国家、市场的不同认证标准和要求风险不断上升的情况下,整个供应链要想在激烈的市场竞争中脱颖而出,应及时了解最新国际法规要求,从设计、研发、采购、生产等各个环节着手,优化整个管理流程,才能适应管控的要求。铁路主管部门、中国中车都已将环保作为质量管控中重要的一环并制定了相关的要求和标准,所以需要供应链上的企业全面了解相应的环保法规标准,明确法规的管控要求,最终将管控要求转化为具体可执行的措施和办法,逐步实现绿色与可持续的发展。法规与要求的落地执行只有经专业的技术解读,综合全面的汇总分析,合理的归纳总结,才能确保产品指标符合多项法规及标准要求。本章从测试的角度来阐明产品环保指标的符合性,但需要注意的是,测试仅是环保指标符合性证明的一种方法,并不是唯一方法。

从车辆产品的角度出发,其管控的对象和检测的目标如图 4-1 所示。

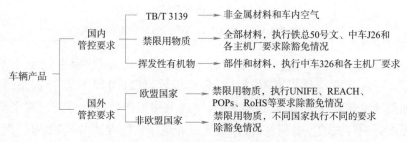

图 4-1 轨道交通车辆产品管控要求

4.1 国内要求

4.1.1 TB/T 3139—2021

1. 车内用非金属材料

TB/T 3139—2021 将车内材料分为 10 类,每一类有不同的管控范围和要求,并指定相应的检测方法,见表 4-1。

表 4-1 车内用非金属材料管控分类、检测方法

序号	类别	参数	TB/T 3139—2021 标测方法
1	板材类材料	管控范围	高压装饰板(贴面板)、贴面胶合板、胶合板、夹层结构类材料、纤维增强类材料、发泡类结构材料、工程塑料等板材材料
		管控项目	甲醛、加热失重
		测试方法	GB/T 17657—2013《人造板及饰面人造板理化性能试验方法》中 4.60 条、附录 A
2	铺地材料	管控范围	地板布及高分子材料地板(如防腐地板等)
		管控项目	可溶性铅镉、挥发物
		测试方法	GB 18586《室内装饰装修材料 聚氯乙烯卷材地板中有害物质限量》
3	胶黏剂	管控范围	(1)溶剂型:橡胶胶黏剂(氯丁及丁腈胶黏剂)、SBS 胶黏剂、聚氨酯胶黏剂、其他胶黏剂。 (2)水基型:缩甲醛类、聚乙酸乙烯酯类、橡胶类、聚氨酯类、其他类。 (3)本体型:有机硅类、α-氰基丙烯酸、其他
		管控项目	(1)溶剂型:游离甲醛、苯、甲苯+二甲苯、甲苯二异氰酸酯、二氯甲烷、1,2-二氯乙烷、1,1,2-三氯乙烷、三氯乙烯、挥发性有机化合物、加热失重。 (2)水基型:游离甲醛、苯、甲苯+二甲苯、挥发性有机化合物(VOC)。 (3)本体型:挥发性有机化合物(VOC)、加热失重
		测试方法	(1)挥发性有机化合物含量(VOC 含量):GB 33372。 (2)其余测试:GB 18583

续上表

序号	类别	参数	TB/T 3139—2021标测方法
4	油漆涂料	管控范围	(1)溶剂型:底漆、中涂、面漆、腻子。 (2)水性涂料:底漆、中涂、面漆。 (3)水性阻尼涂料:挥发性有机化合物(VOC)、甲醛
		管控项目	(1)溶剂型:挥发性有机化合物(VOC)、苯、甲苯+二甲苯总和、游离甲苯二异氰酸酯(TDI)、甲醇、卤代烃总和、乙二醇醚及醚酯总和、重金属。 (2)水性涂料:挥发性有机化合物(VOC)、苯系物总和、甲醛、乙二醇醚及醚酯总和、烷基酚聚氧乙烯醚总和、重金属。 (3)水性阻尼涂料:挥发性有机化合物(VOC)、甲醛
		测试方法	(1)挥发性有机化合物(VOC): ①溶剂型:GB/T 23985—2009。 ②水性:GB/T 23986—2009 或 GB/T 23985—2009。 (2)苯系物:GB/T 23990—2009。 (3)游离二异氰酸酯(TDI、HDI)总和:GB/T 18446。 (4)甲醇:GB/T 23986—2009。 (5)卤代烃总和含量:GB/T 23992—2009。 (6)乙二醇醚及醚酯总和含量:GB/T 23986—2009。 (7)烷基酚聚氧乙烯醚总和含量:GB/T 31414—2015。 (8)重金属:GB/T 30647—2014
5	橡塑制品	管控范围	(1)不规则橡塑制品(如密封条、橡胶风挡、地梁、衣帽钩等)。 (2)规则橡塑制品(折棚风挡用棚布)
		管控项目	(1)不规则橡塑制品:可溶性铅镉、挥发物。 (2)规则橡塑制品:可溶性铅镉、加热失重
		测试方法	(1)可溶性铅镉:GB 18586。 (2)挥发物:GB 18586。 (3)加热失重:附录A
6	纺织品	管控范围	纺织品及纺织制品
		管控项目	甲醛
		测试方法	GB/T 2912.1
7	保温材料	管控范围	无机纤维类保温材料(如玻璃丝棉、毡、碳纤维棉、纳米隔热材料等)。 发泡类保温材料(包含橡塑发泡)、其他轻质类保温材料
		管控项目	甲醛释放量、加热失重
		测试方法	GB/T 17657—2013 中 4.60 条、附录A

续上表

序号	类别	参数	TB/T 3139—2021 标测方法
8	座椅、卧铺发泡材料	管控范围	座椅、卧铺发泡材料
		管控项目	加热失重
		测试方法	附录 A
9	覆膜、背胶材料	管控范围	覆膜、背胶材料(如装饰膜、贴膜、胶膜等)
		管控项目	甲醛释放量、可溶性铅镉
		测试方法	甲醛释放量:GB/T 17657—2013 中 4.60 条。可溶性铅、可溶性镉:GB 18586
10	地毯	管控范围	地毯
		管控项目	总有机挥发物、甲醛、苯乙烯、4-苯基环己烯
		测试方法	GB 18587—2001

(1)板材类材料

板材类材料在轨道车辆中应用广泛,常见的如高压装饰板(贴面板)、贴面胶合板、胶合板、夹层结构类材料,纤维增强类材料,发泡类结构材料,工程塑料等板材类材料等。

①管控指标包括甲醛释放量、加热失重等。

②管控限值详见表 4-2。

表 4-2 板材类材料管控限值

检测项目	适用范围	要求
甲醛释放量	所有板材类	$\leqslant 0.100 \text{ mg/m}^3$
加热失重	高压装饰板(贴面板)	$\leqslant 15.0 \text{ g/m}^2$
	墙板、顶板用纤维增强材料	$\leqslant 8.0 \text{ g/m}^2$
	风道用纤维增强材料	$\leqslant 15.0 \text{ g/m}^2$
	工程塑料	$\leqslant 3.0 \text{ g/m}^2$

③样件要求详见表 4-3。

表 4-3　板材类材料样件要求

指标	数量
甲醛释放量	50 cm×50 cm,2 块,表面积 1 m²
加热失重	(100±2)mm×(100±2)mm,3 块(厚度与实际产品一致)

④检测方法及过程详见表 4-4。

表 4-4　板材类材料检测方法及过程

指标	检测方法	检测过程
甲醛释放量	气候箱法	样品置于气候箱内,定期抽取箱内气体,测试甲醛浓度,直到气候箱内甲醛浓度达到稳定状态为止(图 4-2)
加热失重	烘箱烘烤,质量差法	样件经一定条件烘烤后,分析烘烤前后的质量差

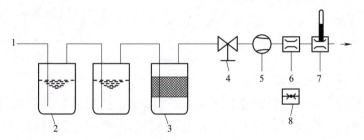

1—抽样管;2—气体洗瓶(吸收瓶);3—硅胶干燥器;4—气阀;5—气体抽样泵
6—气体流量计;7—气体计量表(配有温度计);8—空气压力表。

图 4-2　甲醛释放量取样装置示例

(2)铺地材料

常见铺地材料如地板布及高分子材料地板(如防腐地板等)。
①管控指标包括可溶性铅、可溶性镉、挥发物等。
②管控限值详见表 4-5。

表 4-5　铺地材料管控限值

检测项目	要求
可溶性铅	≤10 mg/m²
可溶性镉	≤10 mg/m²
发泡类产品挥发物	≤35 g/m²
非发泡类产品挥发物	≤10 g/m²

③样件要求详见表 4-6。

表 4-6 铺地材料样件要求

指　　标	数　　量
可溶性铅、镉	10 cm×1 cm,2 块
挥发物	10 cm×10 cm,3 块

④检测方法及过程详见表 4-7。

表 4-7 铺地材料检测方法及过程

指　　标	检测方法	检测过程
可溶性铅、镉	弱酸萃取—石墨炉原子吸收分光光度法	样件经弱酸萃取后,萃取液进入石墨炉原子吸收仪分析
挥发物	烘箱烘烤,质量差法	样件经一定条件烘烤后,分析烘烤前后的质量差

(3)胶黏剂

胶黏剂在轨道车辆内的用途非常广泛。

①管控指标包括游离甲醛、苯、甲苯+二甲苯、甲苯二异氰酸酯、二氯甲烷、1,2-二氯乙烷、1,1,2-三氯乙烷、三氯乙烯、VOC、加热失重等。

②管控限值详见表 4-8~表 4-10。

表 4-8 溶剂型胶黏剂限值要求

检测项目	橡胶胶黏剂(氯丁及丁腈胶黏剂)	SBS 胶黏剂	聚氨酯胶黏剂	其他胶黏剂
游离甲醛/(g·kg^{-1})	≤0.2	—	—	—
苯/(g·kg^{-1})	≤5.0			
甲苯+二甲苯/(g·kg^{-1})	≤180	≤100	≤100	≤100
甲苯二异氰酸酯/(g·kg^{-1})	—	—	≤5	—
二氯甲烷/(g·kg^{-1})		≤20		
1,2-二氯乙烷/(g·kg^{-1})	总量:≤5.0	总量:≤5.0	—	≤20
1,1,2-三氯乙烷/(g·kg^{-1})				
三氯乙烯/(g·kg^{-1})				

续上表

检测项目	橡胶胶黏剂（氯丁及丁腈胶黏剂）	SBS胶黏剂	聚氨酯胶黏剂	其他胶黏剂
总有机挥发物/(g·L^{-1})	≤600	≤300	≤300	≤350
加热失重/(g·kg^{-1})	≤40	≤1.5	≤1.5	≤1.5

表 4-9 水基型胶黏剂限值要求

检测项目	缩甲醛类胶黏剂	聚乙酸乙烯酯胶黏剂	橡胶类胶黏剂	聚氨酯类胶黏剂	其他胶黏剂
游离甲醛/(g·kg^{-1})	≤1.0	≤1.0	≤1.0	—	≤1.0
苯/(g·kg^{-1})	≤0.20				
甲苯+二甲苯/(g·kg^{-1})	≤10				
总有机挥发物/(g·L^{-1})	≤50	≤50	≤100	≤50	≤50

表 4-10 本体型胶黏剂限值要求

检测项目	有机硅类	α-氰基丙烯酸	其他
挥发性有机化合物(VOC)/(g·kg^{-1})	≤100	≤20	≤50
加热失重/(g·kg^{-1})	≤1.5	≤1.5	≤1.5

③样件要求：施工状态的产品，50~100 g。

④检测方法及过程详见表 4-11。

表 4-11 胶黏剂检测方法及过程

指标	检测方法	检测过程
游离甲醛	乙酰丙酮分光光度法	水蒸气蒸馏法提取样品中的甲醛，提取液经乙酰丙酮显色，紫外可见分光光度计分析
苯、甲苯+二甲苯、甲苯二异氰酸酯	溶剂萃取—气相色谱氢火焰离子化检测	样品经溶剂稀释萃取后，抽取适量提取液进入气相色谱完成目标物的分离，然后进入氢火焰离子化检测器分析
二氯甲烷、1,2-二氯乙烷、1,1,2-三氯乙烷、三氯乙烯	溶剂萃取—气相色谱氢火焰离子化检测	样品经溶剂稀释萃取后，抽取适量提取液进入气相色谱完成目标物的分离，然后进入氢火焰离子化检测器分析

续上表

指标	检测方法	检测过程
总有机挥发物	溶剂型：烘箱烘烤，质量差法（扣除低光化学反应物）	样件经一定条件烘烤后，分析烘烤前后的质量差，结果扣除低光化学反应物
	水基型：溶剂萃取—气相色谱氢火焰离子化检测	样品经溶剂稀释萃取后，抽取适量提取液进入气相色谱完成目标物的分离，然后进入氢火焰离子化检测器分析
	本体型：烘箱烘烤，质量差法	本体型：样品经一定条件烘烤后，分析烘烤前后的质量差
加热失重	烘箱烘烤，质量差法	样件经一定条件烘烤后，分析烘烤前后的质量差

(4)油漆涂料

油漆涂料在轨道车辆内的用途非常广泛。

①管控指标包括挥发性有机化合物、苯、甲苯＋二甲苯总和、游离甲苯二异氰酸酯、甲醇、卤代烃总和、乙二醇醚及醚酯总和、烷基酚聚氧乙烯醚总和、可溶性重金属、游离甲醛等。

②管控限值详见表 4-12～表 4-14。

表 4-12　溶剂型涂料限值要求

检测项目		底漆、中涂	面　漆	腻　子
挥发性有机化合物(VOC)/(g·L^{-1})		≤540	≤550	≤250
苯			≤0.1%	
甲苯与二甲苯(含乙苯)总和			≤20%	
游离二异氰酸酯(TDI、HDI)总和			≤0.4%(湿气固化型)	
			≤0.2%(其他)	
甲醇			0.3%(限硝基涂料)	0.3%(限硝基腻子)
卤代烃总和			0.1%	
乙二醇醚及醚酯总和/(mg·kg^{-1})			≤300	
重金属(限色漆)/ (mg·kg^{-1})	铅(Pb)		≤10	
	镉(Cd)		≤100	
	六价铬(Cr6＋)		≤1 000	
	汞(Hg)		≤1 000	

表 4-13 水性涂料限值要求

检测项目		底漆、中涂	面　漆
挥发性有机化合物(VOC)/(g·L^{-1})		≤200	≤300
苯系物总和[限苯、甲苯、二甲苯(含乙苯)]/(mg·kg^{-1})		≤300	
甲醛/(mg·kg^{-1})		≤100	
乙二醇醚及醚酯总和/(mg·kg^{-1})		≤300	
烷基酚聚氧乙烯醚总和/(mg·kg^{-1})		≤1 000	
重金属(限色漆)/(mg·kg^{-1})	铅(Pb)	≤10	
	镉(Cd)	≤100	
	六价铬(Cr6+)	≤1 000	
	汞(Hg)	≤1 000	

表 4-14 水性阻尼涂料限值要求

检测项目	要　求
挥发性有机化合物(VOC)/(g·L^{-1})	≤100
甲醛/(mg·kg^{-1})	≤100

③样件要求:施工状态的产品,50～100 g,稀释剂和多组分需分别送检。

④检测方法及过程详见表 4-15。

表 4-15 油漆涂料检测方法及过程

指　标	检测方法	检测过程
总有机挥发物	溶剂型:烘箱烘烤,质量差法	样品经一定条件烘烤后,分析烘烤前后的质量差
	水性涂料和水性阻尼涂料: (1)水分含量<70%(质量分数):烘箱烘烤,质量差法。 (2)水分含量≥70%(质量分数):样品稀释—气相色谱测试	(1)水分含量<70%,样品经一定条件烘烤后,分析烘烤前后的质量差。 (2)水分含量≥70%:样品经溶剂稀释萃取后,抽取适量提取液进入气相色谱完成目标物的分离,然后进入氢火焰离子化检测器分析
苯、甲苯+二甲苯	溶剂萃取—气相色谱氢火焰离子化检测	样品经溶剂稀释萃取后,抽取适量提取液进入气相色谱完成目标物的分离,然后进入氢火焰离子化检测器分析
游离二异氰酸酯(TDI、HDI)总和	溶剂萃取—气相色谱检测	样品经溶剂稀释萃取后,抽取适量提取液进入气相色谱完成目标物的分离,然后进入氢火焰离子化检测器分析

续上表

指标	检测方法	检测过程
甲醇	样品稀释—气相色谱测试	样品经溶剂稀释萃取后,抽取适量提取液进入气相色谱完成目标物的分离,然后进入氢火焰离子化检测器分析
卤代烃总和	溶剂稀释—电子捕获气相色谱检测	样品经溶剂稀释萃取后,抽取适量提取液进入气相色谱完成目标物的分离,然后进入电子捕获检测器分析
乙二醇醚及醚酯总和	样品稀释—气相色谱测试	样品经溶剂稀释萃取后,抽取适量提取液进入气相色谱完成目标物的分离,然后进入氢火焰离子化检测器分析
可溶重金属	制膜—消解—元素分析	样品制膜,消解后,无机元素分析仪器分析
游离甲醛	乙酰丙酮分光光度法	水蒸气蒸馏法提取样品中的甲醛,提取液经乙酰丙酮显色,紫外可见光分光光度计分析
烷基酚聚氧乙烯醚总和	溶剂萃取—萃取液浓缩—仪器分析	样品称量,加入甲醇—水溶液离心浓缩,离心剩余物索氏提取,离心浓缩液和索氏提取液合并浓缩,外标法定量

(5)橡塑制品

①管控指标包括可溶性铅、可溶性镉、有机挥发物、加热失重等。

②管控限值详见表 4-16。

表 4-16　橡胶制品管控限值

检测项目	不规则橡塑制品要求	规则橡塑制品要求
可溶性铅	$\leqslant$5 mg/kg	$\leqslant$10 mg/m^2
可溶性镉	$\leqslant$5 mg/kg	$\leqslant$10 mg/m^2
挥发物	$\leqslant$6 g/kg	—
加热失重	—	$\leqslant$3 g/m^2

③样件要求详见表 4-17。

表 4-17　橡胶制品样件要求

指　标	数量(不规则橡塑)	数量(规则橡塑)
可溶性铅、镉	成品长(5～10 mm)×宽(5～10 mm)×厚(1～4 mm),10块	10 cm×1 cm,2块
挥发物	200～300 g	
加热失重	—	(100±2)mm×(100±2)mm,3块,厚度与实际产品一致

④检测方法及过程详见表4-18。

表4-18 橡胶制品检测方法及过程

指　　标	检测方法	检测过程
可溶重金属	弱酸萃取—原子吸收光谱法	样件经弱酸萃取后,萃取液进入原子吸收光谱仪分析
总有机挥发物	烘箱烘烤,质量差法	样品经一定条件烘烤后,分析烘烤前后的质量差
加热失重	烘箱烘烤,质量差法	样品经一定条件烘烤后,分析烘烤前后的质量差

(6)纺织品

①管控指标:甲醛。

②管控限值详见表4-19。

表4-19 纺织品管控限值

类　　型	甲醛含量要求/(mg·kg^{-1})
直接接触皮肤类	≤50
非直接接触皮肤类	≤100
室内装饰类	≤150

③样件要求:10 g。

④检测方法:采用水萃取样件中的甲醛,萃取液通过乙酰丙酮显色,紫外可见光分光光度计分析。

(7)保温材料

①管控指标包括甲醛释放量、加热失重等。

②管控限值详见表4-20。

表4-20 保温材料管控限值

检测项目	无机纤维类	发泡类	其他轻质类
甲醛释放量/(mg·m^{-3})	≤0.100	≤0.100	≤0.100
加热失重/(g·m^{-2})	≤2.5	≤7.0	≤6.0

③样件要求详见表4-21。

表 4-21　保温材料样件要求

指　　标	数　　量
甲醛释放量	50 cm×50 cm,2 块
加热失重	(100±2)mm×(100±2)mm,3 块,厚度与实际产品一致

④检测方法及过程详见表 4-22。

表 4-22　保温材料检测方法及过程

指　　标	检测方法	检测过程
甲醛释放量	气候箱法	样品置于气候箱内,定期抽取箱内气体,测试甲醛浓度,直到气候箱内甲醛质量浓度达到稳定状态为止
加热失重	烘箱烘烤,质量差法	样品经一定条件烘烤后,分析烘烤前后的质量差

(8)座椅、卧铺发泡材料

①管控指标:加热失重。

②管控限值:≤3.5 g/kg。

③样件要求:(100±2)mm×(100±2)mm,3 块,厚度与实际产品一致。

④检测方法:烘箱烘烤,质量差法,样品经一定条件烘烤后,分析烘烤前后的质量差。

(9)覆膜和背胶材料

①管控指标:甲醛释放量、可溶性铅镉。

②管控限值详见表 4-23。

表 4-23　覆膜和背胶材料管控限值

检测项目	要　　求
甲醛释放量	≤0.100 mg/m^3
可溶性铅	≤10 mg/m^2
可溶性镉	≤10 mg/m^2

③样件要求详见表 4-24。

表 4-24 覆膜和背胶材料样件要求

指　　标	数　　量
甲醛释放量	50 cm×50 cm,2 块,表面积 1 m²
可溶性铅、镉	10 cm×1 cm,2 块

④检测方法及过程详见表 4-25。

表 4-25 覆膜和背胶材料检测方法及过程

指　　标	检测方法	检测过程
甲醛释放量	气候箱法	样品置于气候箱内,定期抽取箱内气体,测试甲醛浓度,直到气候箱内甲醛质量浓度达到稳定状态为止
可溶性铅镉	弱酸萃取—石墨炉原子吸收分光光度法	样件经弱酸萃取后,萃取液进入石墨炉原子吸收仪分析

(10)地毯

①管控指标:总有机挥发物、甲醛、苯乙烯、4-苯基环己烯。

②管控限值详见表 4-26。

表 4-26 地毯管控限值

单位:mg/(m²·h)

指　　标	限值 A 级	限值 B 级
总有机挥发物	0.5	0.6
甲醛	0.05	0.05
苯乙烯	0.4	0.5
4-苯基环己烯	0.05	0.05

③样件要求:2 m²。

④检测方法:环境试验舱室法,将样品置于一定条件的试验舱内,通风一段时间后,用 Tenax-TA 管采集总有机挥发物、苯乙烯、4-苯基环己烯,热脱附气相色谱质谱分析;用吸收液采集甲醛,酚试剂分光光度法分析,如图 4-3 所示。

2. 机车车辆非金属材料禁用物质、限用物质

针对禁用和限用物质的测试方法流程框架与 4.1.2 节的内容基

本一致,具体见附表 5,需要特别强调以下注意事项:

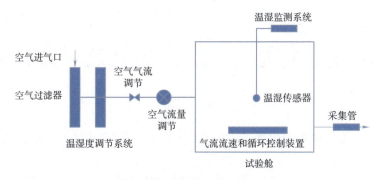

图 4-3　图环境舱示意

(1)无法用机械方法(如拧开、切割、碾压、割削、研磨)进一步拆分的零件或组件且各部分组成为相同材料的均质材料,按同种材料进行测试。

(2)单件质量不超过 50 g 的产品可不进行禁用、限用物质的测试。

(3)液体样品如胶类、漆类、油脂类产品等,按照最终使用状态制样测试。

(4)同种类但不同颜色的产品需分别检测铅及其化合物、镉及其化合物及芳香胺。

3. 机车车辆室内空气中有害物质限量

(1)布点

①避开通风道和通风口,车厢采样点离地板高度(1.2 ± 0.2)m,商务区采样点离地板高度(0.8 ± 0.2)m,卧铺车厢采样点距离每个铺面上方 15~20 cm,司机室采样点离地板高度(1.4 ± 0.2)m,餐车采样点离地板高度为(1.2 ± 0.2)m,餐车吧台采样点离地板高度为(1.6 ± 0.2)m,离墙壁距离大于 0.5 m。

②一般,50 m² 以下,1~3 个点;50~100 m²,3~5 个点。餐车/吧台:1 个点。卧车:取端头及中部各 1 个包间进行测试,包间内测点数量与铺面层数一致。司机室:1 个点。

③布点采取对角线(图 4-4)或梅花式。

(2)气体采集

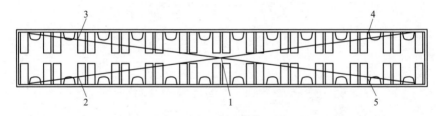

图 4-4 硬座车厢布点示意

①甲醛:使用吸收液或 DNPH 管采集,采集时间为 20 min,采集体积为 10 L。

②TVOC:使用 Tenax-TA 管采集,采集时间为 45 min,采集体积为 1~10 L。

(3)检测分析

①甲醛:采用 GB/T 18204.2—2014 和 HJ/T 400—2007 方法分析,仲裁采用 GB/T 18204.2—2014 中酚试剂分光光度法。GB/T 18204.2—2014 原理,采用吸收液经酚试剂显色后,分光光度计分析;HJ/T 400—2007 原理,采用固相吸附/高效液相色谱法。

②TVOC:采用现行 GB/T 18883 方法分析,采集管置于热脱附气相色谱质谱仪上,根据设定参数进行分析,如图 4-5 所示。

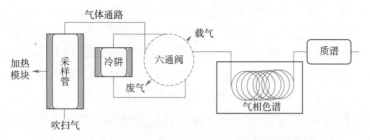

图 4-5 热脱附气相色谱质谱分析示意

4.1.2 轨道车辆禁限用物质测试

轨道车辆产品中有害物质的危害与管控备受瞩目。如何恰当、合理、简单、正确地检测出轨道交通车辆产品中所含有的禁限用物质,是产品满足目的国相关法律法规要求的一个重要前提条件。目前国内轨道车辆产品执行的管控要求以铁总 50 号文和中车 J26 为主,此外各主机厂也陆续发布了相应的执行要求。相比于国内,国外的一些地区,专门针对轨道交通产品中有害物质的法律法规还不成熟,同时各国的立法管理机制不同,因此具体的轨道交通装备产品有害物质的管控过程中,会有一定的难度。其中,欧洲有专门的欧洲铁路行业协会,与德国铁路工业协会联合颁布的铁路行业物质清单(railway industry substance list, RISL),可作为欧洲轨道交通产品有害物质管控的执行依据。其他国家和地区,暂未获得明确的管控要求。

研究国内外相关法规,可以看出无论是国内的禁限用物质,还是国外的有害物质,其管控的限值基于均质材料计算,管控的目标化合物也有一部分重合的情况。因此禁限用物质的测试,其流程框架是一致的,包括产品送检(含拆分、样品准备要求等)、检测执行和结果评判三大环节,唯一的区别是管控目标物的数量和限值的差异,这主要影响送检产品量、检测执行方法的数量及检测的成本。

鉴于上述分析,本节将相关的管控标准按照禁限用物质测试的流程合并介绍,测试间的差异之处单独阐述。

1. 产品送检

(1)产品拆分必要性

依据 REACH 法规的定义,物质是指自然状态下(存在的)或通过生产过程获得的化学元素及其化合物;混合物是指由两种或两种以上物质组成的混合物或溶液,如油漆、润滑剂;物品是指一种在制造过程中获得特定的形状、外观或设计的物体,这些形状、外观或设计比其化学成分更能决定其功能,如座椅、桌板等。同时有害物质含量限值也是基于材料和物质/混合物计算,因此最终进行测试的对象只能以这两种形式呈现。成品和非均一材料并不适合直接检测分析。正确地拆分成品将直接提升产品中有害物质检测的准确性和经济性,降低检测风险。

(2)产品拆分原则和依据

轨道交通车辆产品材料种类繁多,数量庞大。根据构成该材料的物质及元素种类,可划分为有机材料、无机材料和金属材料三大类。原则上所有模块/部件都需要被拆分成均质材料(不能通过机械手段进一步分离),每种材料作为一个测试对象,避免相互干扰。参照电子电器行业成品拆分规则,轨道交通车辆产品拆分流程如图 4-6 所示。将一个整车(整机)完整地按照 BOM 表或者组成单元进行拆解。

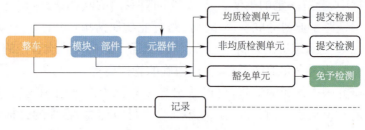

图 4-6　整车拆分流程示意

(3)拆分步骤(图 4-7)

拆分的目标是通过恰当的拆分手段来获得构成产品的均质材料,以确保拆分结果用于后续测试时,不会因为拆分不当而产生错误判断。同时,对于相同材质的零部件适当进行检测单元合并,以降低检测成本。常见拆分规则如下:

①同一生产厂生产的相同功能、相同规格(参数)的多个模块、部件或元器件可以归为一类,从中选取代表性的样品进行拆分。

②使用相同的材料(包括基材和添加剂)生产的不同部件可视为一个检测单元。

③颜色不同的材料应拆分为不同的检测单元。

④对于相关法律法规中规定的豁免清单中的项目或材料,在拆分时应予以识别。

⑤当拆分对象难以进一步拆分且质量≤10 mg 时,不必拆分,作为非均质检测单元,直接提交检测。

⑥当拆分对象难以进一步拆分且体积≤1.2 mm^3 时,不必拆分,可以整体制样(如贴片类元件 2.0 mm×1.2 mm×0.5 mm 的元件不必拆分)作为非均质检测单元,直接提交检测。

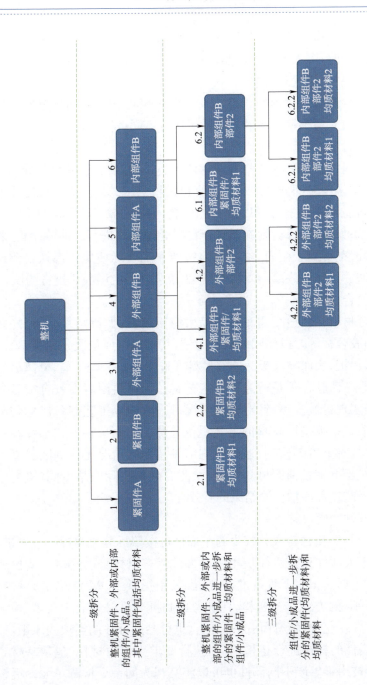

图 4-7 整机拆分步骤

⑦在满足检测结果有效性的前提下,对于经拆分后样品无法满足检测需求量时,可采取适当归类,一同制样,直接提交检测。

(4)产品送检状态要求

实际检测执行过程中仍然存在一些难以拆分的非均质材料。以下结合轨道交通车辆产品的实际情况区分不同送检方式:

①原材料

原材料按状态分为干材和湿材两大类,聚合物和金属材料等属于干材,其中未经表面处理的材料可直接送检测试。表面涂膜或喷漆处理的材料需要评估是否可以进一步分离,如可分离,则分成均质材料分别测试;如不可分离,则参照复合材料处理方式进行。油漆涂料、胶黏剂、润滑剂等属于湿材,这类材料按照车辆实际使用状态送检测试更为合适。比如油漆涂料,可按照施工工艺制备成漆膜后进行测试。

②复合材料

复合材料在轨道交通车辆产品中应用较多,如铝塑复合板、蜂窝板、贴面胶合板等。以铝塑复合板为例,其结构组成依次是铝板、聚乙烯芯材、铝板、表面喷漆板。这类材料可采用机械手段分离,分离后进行测试。贴面胶合板是通过粘接工艺将贴面材料附着在胶合板基材上,很难实现机械分离,针对这种情况可采取粉碎工艺制备成均匀材料或获取下一级别原材料的方式提供检测。无论哪种方式都存在一定的风险,对于粉碎检测,遇到检测结果超标的情况无法判断其真实来源。对于下一级别原材料检测,检测对象与实际产品不同,需要结合产品工艺过程评估检测结果的有效性。

③部件和模块整机

对于零件和材料成分较少的小部件可按照拆分流程拆解后测试,但是对于大部件和整机模块由于其部件众多,材料成分多样,造价成本高,可依据其 BOM 清单进行分解,采用提供 BOM 清单中原材料(最小级别)的方式进行送检,此外考虑到拆分后材料数量众多,检测成本偏高,在充分风险评估的基础上,也可参照合并同类项的原则,选择有代表性的材料进行送检,具体执行要求为相同材料(包括基材和添加剂)被用于生产不同部件也可以将其视为同一个检测单元。拆解过程中遇到不可进一步拆分的非均质材料参照复合材料方式进行处理。以某轨道车辆司机室电气柜产品为例做进一步说明，见表4-27。该电气柜BOM清单共包含24种材料，其中复合材料3种，化工产品2种，均质材料19种。按照前述的送检规则，复合材料为铝蜂窝板，由于其生产过程中涉及胶接及喷涂工艺，原材料不易分离，因此采用铝蜂窝板原材料（铝板、胶黏剂、蜂窝芯和油漆等）的方式送检；胶和漆类的化工产品采用固化后的方式送检，其他均质材料需要逐一确认是否有相同材质的信息，对于相同材质的部件进行检测单元合并，最终确认需要送检的材料为19种。

表4-27 电气柜产品BOM清单及送检分析汇总

序号	部件名称	材料性质	送检措施分析	最终送检材料
1	电气柜柜体（对称）	复合材料	确认同材质信息，下一级别原材料送检	铝板、铝蜂窝芯
2	电气柜侧柜门	复合材料		蜂窝复合胶（固化）
3	电气柜右柜门	复合材料		油漆（底，中，面分别固化）
4	限位块（本图）	均质有机材料	确认同材质信息，合并检测单元后送检	是
5	限位块（对称）	均质有机材料		否（与4同材质）
6	连线座1（对称）	均质有机材料		否（与4同材质）
7	垫4	均质有机材料		是
8	垫3	均质有机材料		否（与7同材质）
9	工业毛毡（单面背胶）	均质有机材料		是
10	黑色橡胶条	均质有机材料		是
11	防尘网	均质有机材料		是
12	丙烯酸酯胶黏剂	化工产品	固化后送检	是
13	镍基抗咬合剂	化工产品	固化后送检	是
14	电气柜铰链	均质金属材料	确认同材质信息，合并检测单元后送检	是
15	滑块螺母M6	均质金属材料		否（与14同材质）
16	T形螺栓	均质金属材料		否（与14同材质）
17	六角螺母M6	均质金属材料		是
18	弹簧垫圈6	均质金属材料		否（与17同材质）

续上表

序号	部件名称	材料性质	送检措施分析	最终送检材料
19	六角螺栓 M6×12	均质金属材料	确认同材质信息，合并检测单元后送检	否（与17同材质）
20	内六角沉头螺栓 M4×12	均质金属材料		否（与17同材质）
21	平垫圈 6	均质金属材料		是
22	压紧锁	均质金属材料		是
23	锁舌	均质金属材料		是
24	电气柜右门玻璃	均质无机材料	直接送检	是

图 4-8 所示为一个常见的拆解案例，以供参考理解。

(5) 产品送检数量要求

结合检测执行与判定的分析内容：以均质材料计，执行铁总 50 号文与中车 J26 检测建议送检数量见表 4-28，其中按照 TB/T 3139 执行的测试，送检要求以 TB/T 3139 为准。

表 4-28 禁限用物质送检量要求

序号	产品或材料类型	样品量
1	与皮肤直接及长期接触的金属或金属镀层	50 g+450 cm² 面积
2	金属（除序号 1 情况外）	50 g+300 cm² 面积
3	无机非金属（玻璃、陶瓷、磨料、砂石等）	300 g
4	其他非金属（含油漆、涂层、皮革、纺织品、化工品、木材）	800 g

2. 检测执行与判定

(1) 铁总 50 号文与中车 J26

实际执行过程中，并非所有产品都检测全部禁限用化合物，这主要取决于标准文件对产品或材料类型的管控及限制要求。在这一方面，铁总 50 号文的要求不是很明确，自该管控要求提出之后，执行过程中经过与相关方的讨论，也逐渐达成了行业内的共识。相比之下，中车 J26 的要求清晰很多，每个管控的目标物都明确了相应的范围和限值要求，更易执行。以管控目标化合物为主线，两个标准的管控要求汇总见附表 10。非金属材料需要根据限制范围选择测试的目标物，对于纺织品、皮革、橡胶、塑料、油漆、电气件、木材、胶黏剂等产品需要

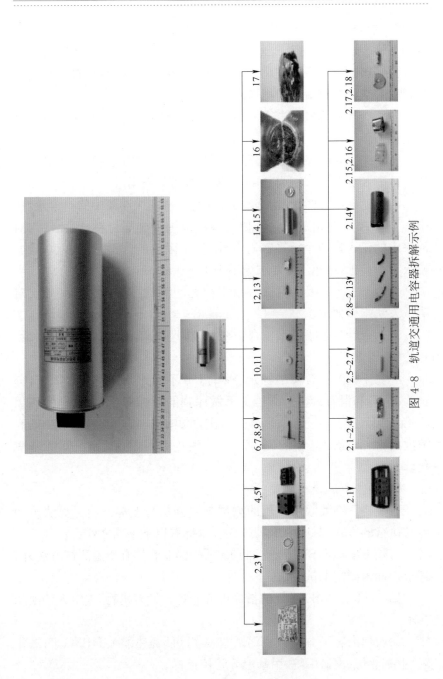

图 4-8 轨道交通通用电容器拆解示例

注意测试目标物的差异,其余材质测试选择全部材料对应的测试目标物即可。金属材料只测试无机金属化合物相关的指标:铅及其化合物、镉及其化合物、汞及其化合物、六价铬、砷及其化合物、铍及其化合物、镍、三氧化二锑等8项指标。

两个管控要求在管控目标物、限制范围和限值三个部分的区别如下:

①中车J26管控全部PBDE,铁总50号文暂时管控三项,其中八溴二苯醚和五溴二苯醚为禁用,十溴二苯醚为限用。

②铁总50号文管控铅基油漆,行业内解读为油漆中的铅含量,在中车J26中,针对铅及其化合物的管控范围为全部材料,因此认为对油漆中的铅含量两个标准都有管控,仅是限值的区别。铁总50号文要求不得检出,中车J26要求为小于1 000 mg/kg。

③中车J26禁限用测试有指定推荐的测试方法,铁总50号文对测试方法未做要求。

④两个管控要求个别化合物禁用或限用分类不同,如:铅、镉、汞、六价铬、PBB。

⑤对于检测符合性的判定,中车J26不做评判的指标有2个,分别为PVC和滑石;铁总50号文不做评判的指标有8个,分别为四氯乙烯、PVC、滑石、福美双、磷酸三苯酯、非电线电缆电路板产品中的高浓度卤素,非纺织品中的三(2,3-二溴丙基)磷酸酯和三吖啶基氧化磷。

(2)各主机厂要求

各主机厂在禁限用物质的测试与评判执行上都采用了更明确和容易执行的方式,对比中车J26,长客企标有以下不同之处:

①除EU RoHS 2.0管控的10项指标及石棉有指定测试方法外,其余指标未规定测试方法。

②与TB/T 3139重复的指标甲醛和挥发性有机物,未纳入禁限用要求。

③增加内容可分解致癌芳香胺染料(偶氮染料):HBFC、四氯化碳、甲基氯仿、溴氯甲烷、甲基溴等管控指标。

株机企标禁限用物质的管控仅针对非金属材料,管控目标为22项禁用化合物,并有指定的测试方法。

唐山的管控要求与长客一致,在此不再赘述。

四方的管控要求可理解为对铁总50号文的落地执行。

4.1.3 轨道车辆材料与部件挥发性有机物测试

随着环保知识的普及,公众环保意识的增强,轨道车辆车内空气质量越来越受到关注。轨道车辆因其空间有限、密封性要求高、内饰材料种类多等原因,VOC污染的程度通常高于建筑室内空间。研究表明VOC的短期接触会导致急性中毒症状,包括刺眼刺鼻、恶心、头痛,而长期接触会增加致突变性和致癌性的风险。驾驶员和乘客会长时间暴露于内饰件释放的VOC环境中,因此人们越来越重视车内空气质量的改善,以降低对驾乘人员的健康危害。

管控部件与材料的挥发性有机物对车内空气质量的改善尤为重要。在国内轨道交通行业,株机最早提出通过袋式法测试来管控部件和材料挥发性有机物,随后中车和各主机厂也提出了类似的管控办法,这些措施是车辆产品环保水平提升的可靠保障。

1. 袋式法的来源

虽然中车和各主机厂都有各自的袋式法测试和管控要求,但从方法本质来讲,它们都参照了同一个国际标准(ISO 12219-2:2012),仅是对该标准中的执行参数做了一些变动。结合国内外相关标准的研究,可以看出,目前轨道车辆产品执行袋式法的整个过程的依据如图4-9所示。

图4-9 袋式法执行的依据

2. 袋式法测试流程

常规袋式法的测试(图4-10)流程包括如下环节:

(1) 样品调质,将样品按照要求放置一定温湿度条件下进行状态稳定。

(2) 采样袋准备,包括采样袋的老化清洗,漏气验证。

(3) 样品挥发性有机物释放,将样品按照要求放置在一定温度和时间条件下密闭挥发。

(4) 挥发后气体采集,使用指定的采集管按照指定的流速和时间采集气体。

(5) 采集管仪器分析,使用指定的设备分析管控目标物。

(6) 结果判定,结合控制限值评价符合性。

上述过程中的参数不同,测试结果都有可能出现差异。

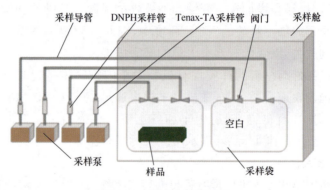

图 4-10　袋式法测试示意

3. 各标准测试参数差异

各标准袋式法检测执行过程中的差异对比见表 4-29。

(1) 在样品调质方面,标准未明确是否打开包装进行,实际执行过程中,仅四方要求密封包装进行调质。

(2) 在散发条件方面,株机的散发条件与 ISO 12219-2:2012 接近,属于高温散发,而中车和其他主机厂要求常温散发,对比可以看出株机管控相对严格。

(3) 在目标物质方面,仅中车 326 与四方、唐山要求报告除五苯三醛外,TVOC 及 TOP 10。

4 法规与标准的测试执行

表 4-29　各标准袋式法参数汇总

参数	ISO 12219	中车 326	唐山	株机	长客	四方
调质条件	未明确要求	敞开,(23±2)℃,(50±10)%HR,≥24 h 气流速度≤0.3 m/s		敞开,(23±2)℃,(50±5)%HR,(24±1)h		密封,(23±2)℃,(50±5)%HR,(24±1)h
样品要求	100 cm²	详见 2.1.3.4		详见 2.1.3.4	详见 2.1.3.4	详见 2.1.3.4
袋子体积	10 L	详见 2.1.3.4		2 000 L	详见 2.1.3.4	详见 2.1.3.4
散发条件	(65±1)℃,(120±5)min	(23±2)℃,(16±0.5)h		(60±2)℃,(120±5)min	(25±1)℃,(16±0.5)h	(25±1)℃,(16±0.5)h
目标物质	五苯三醛,TVOC	五苯三醛,TVOC 及 TOP 10		五苯三醛,TVOC		五苯三醛,TVOC 及 TOP 10
分析方法	醛酮:ISO 16000-3。苯系等:ISO 16000-9	企标描述方法				醛酮:HJ/T 400,ISO 16000-3。苯系等:GB/T 18883,ISO 16000-6

4. 各标准样品准备和袋子体积要求

除表 4-29 中汇总的袋式法参数差异,还需特别注意样品尺寸与采样袋体积的差异,通常将样品的散发面积与采样袋内充入的气体体积之比定义为载荷比,载荷比不同散发结果也会有差异。

由于各主机厂生产的车辆类型不同,所以规定执行袋式法检测的样品也或多或少有些差异。原则是送检样品应与材料、部件的供货状态保持一致。

(1)中车标测试袋子体积规格有 10 L、50 L、1 000 L 和 2 000 L,产品准备要求如下:

①样品尺寸为 1 000 mm×1 000 mm 或 1 m²。

②胶条、电线电缆等线条状产品取样品长度 1 m,不规则材料可拼接,应记录样品的厚度。

③对于不可分离的复合总成部件(如座椅),可整体取材测试。

④油漆涂料涂覆在 100 mm×100 mm、厚度 2~5 mm 的铝板或钢板上,按照现车工艺规程固化干燥后,分别对空白铝板或钢板及涂覆

有油漆涂料的铝板或钢板进行测试。油漆涂料的涂层厚度要求:底漆为$(65\pm5)\mu m$;中涂漆为$(60\pm5)\mu m$;面漆为$(60\pm5)\mu m$;阻尼浆为$(2\pm0.2)mm$。

⑤胶黏剂取$(3\pm0.2)g$均匀涂覆在 100 mm×100 mm、厚度 2~5 mm 的铝板或钢板上,按照现车工艺规程固化干燥后,分别对空白铝板或钢板及涂覆有胶黏剂的铝板或钢板进行测试。

(2)株机测试均采用 2 000 L 袋子进行,样品准备要求见表 4-30。

表 4-30　QTX Q2-002.1—2015 中标准样品尺寸

样品名称	样品尺寸	备注
橡胶地板布	$(1\,000\pm5)mm\times(1\,000\pm5)mm\times2.5\,mm$	
PVC 地板布	$(1\,000\pm5)mm\times(1\,000\pm5)mm\times2.5\,mm$	
复合地板	$(1\,000\pm5)mm\times(1\,000\pm5)mm\times20$	
玻璃钢(带油漆)	$(1\,000\pm5)mm\times(1\,000\pm5)mm\times3$	
铝蜂窝板(带油漆)	$(1\,000\pm5)mm\times(1\,000\pm5)mm\times6$	
空调风道保温棉	$(1\,000\pm5)mm\times(1\,000\pm5)mm\times5$	
空调吸音棉	$(1\,000\pm5)mm\times(1\,000\pm5)mm\times10$	
三聚氰胺发泡材料	$(1\,000\pm5)mm\times(1\,000\pm5)mm\times10$	
粘接胶	$(1\,000\pm5)mm\times(10\pm1)mm$	3 条
贯通道篷布	$(1\,000\pm5)mm\times(1\,000\pm5)\times2$	
油漆涂料	$(1\,000\pm5)mm\times(1\,000\pm5)mm$	
密封条	$(1\,000\pm5)mm$	5 条
超细玻璃棉	$(1\,000\pm5)mm\times(1\,000\pm5)mm\times40$	
塑料扣	$(1\,000\pm5)mm\times2.5\,mm$	
复合材料空调风道	$(1\,000\pm5)mm$	
司机座椅	580 mm×610 mm×1 200 mm	整体
添乘座椅	70 mm×350 mm×380 mm	整体
乘客室座椅	1 000 mm×610 mm×1200 mm	整体

注:1. 因实际工艺条件无法满足$(1\,000\pm5)mm\times(1\,000\pm5)mm$的材料,可用 2 块$(500\pm2)mm\times(1\,000\pm5)mm$的材料拼接作为一个样品,并在检测报告中说明。

2. 粘接胶样品可在铝板上挤出长度为$(1\,000\pm5)mm$,宽度为$(10\pm1)mm$的胶条,3 条为一个样品。

3. 油漆涂料按照实际工艺喷涂于$(1\,000\pm5)mm\times(1\,000\pm5)mm$的铝板上(单面),烘干后测试。

(3) 长客样品准备和袋子尺寸要求见表 4-31,其袋子体积规格有 50 L、1 000 L 和 2 000 L,除了表 4-31 的产品外,对于油漆、涂料和胶黏剂类的化工产品,要求取适量(3 g)涂抹在 10 cm×10 cm 的铝箔上,固化 21 天后,采用 10 L 袋子进行测试。

表 4-31 SJTY-ZT-002C 中取样尺寸和采样袋要求

序号	样品类型	采样袋体积/L	样品尺寸
1	玻璃钢制品(包括墙板、侧顶板、门罩板、玻璃钢座椅等)	1 000	1 m×1 m 或 1 m²
2	金属制品喷涂件	1 000	1 m×1 m 或 1 m²
3	木制件、夹层结构、纸蜂窝复合制品	1 000	1 m×1 m 或 1 m²
4	风挡	风挡两侧用珍珠棉封堵,四周用环保胶带粘接密封	整个风挡内部呈现自然收缩态
5	地毯	1 000	1 m×1 m 或 1 m²
6	地板布	1 000	1 m×1 m 或 1 m²
7	司机室遮阳帘、客室卷帘	1 000	1 m×1 m 或 1 m²
8	防寒材(纤维棉、碳纤维类)	1 000	1 m×1 m 或 1 m²
9	橡胶类板材(隔音隔热垫、调整垫、橡塑发泡类材料等)	1 000	1 m×1 m 或 1 m²
10	橡胶件(门窗密封条)	50	1 kg
11	座椅套	1 000	单个座椅套
12	客室座椅(一、二等座)	2 000	二人座椅组成件
13	VIP 座椅	2 000	单个座椅组成件
14	司机室座椅	1 000	单个座椅组成件
15	风道	1 000	1 m×1 m 或 1 m²
16	行李架组件	2 000	长度 1.8~2.0 m 组成件
17	吧台台面	1 000	1 m×1 m 或 1 m²
18	电线电缆	50	长度 1 m

续上表

序号	样品类型	采样袋体积/L	样品尺寸
19	司机台 PUR 罩板	1 000	1 m×1 m 或 1 m²
20	玻璃钢罩板(司机室)	1 000	1 m×1 m 或 1 m²
21	座垫(司机室)	1 000	1 m×1 m 或 1 m²
22	防滑垫、防划垫(司机室)	1 000	1 m×1 m 或 1 m²
23	编织网管、热缩管等	50	长度 1 m

（4）四方样品准备和袋子尺寸要求见表 4-32,其袋子体积规格有 50 L、1 000 L 和 2 000 L。

表 4-32　SFT-NS-GHJT-001 中取样尺寸和采样袋要求

序号	样品类型	采样袋体积/L	样品尺寸
1	地板布	1 000	1 m×1 m 或 1 m²
2	玻璃钢制品(成品件)	1 000	1 m×1 m 或 1 m²
3	3D 蜂窝墙板,印刷铝板墙板	1 000	1 m×1 m 或 1 m²
4	顶板	1 000	1 m×1 m 或 1 m²
5	间壁	1 000	1 m×1 m 或 1 m²
6	座椅	2 000	二人座椅组成件
7	电线电缆	50	1 m
8	铝制/酚醛风道	1 000	1 m×1 m 或 1 m²
9	胶合板	1 000	1 m×1 m 或 1 m²
10	帘布(窗口卷帘、司机室遮阳帘)	1 000	1 m×1 m 或 1 m²
11	地毯	1 000	1 m×1 m 或 1 m²

（5）唐山测试袋子体积规格有 10 L、50 L、1 000 L 和 2 000 L,产品准备要求(表 4-33)如下：

①样品尺寸为 1 000 mm×1 000 mm 或 1 m²。

②橡胶条取质量 1 kg。

③电线电缆等线条状产品取样品长度 1 m,不规则材料可拼接,应记录样品的厚度。

④对于不可分离的复合总成部件(如座椅),可整体取材测试。

表 4-33 TCF00000222499_B 中取样尺寸和采样袋要求

序号	样品类型	采样袋体积/L	样品尺寸
1	玻璃钢制品(带涂料)	1 000	1 m×1 m 或 1 m²
2	金属制品喷涂件	1 000	1 m×1 m 或 1 m²
3	铝蜂窝覆膜	1 000	1 m×1 m 或 1 m²
4	胶合板内饰板	1 000	1 m×1 m 或 1 m²
5	复合板	1 000	1 m×1 m 或 1 m²
6	木骨(含防腐阻燃涂料)	100	1 m
7	地板布	1 000	1 m×1 m 或 1 m²
8	帘布(窗帘、遮阳帘)	1 000	1 m×1 m 或 1 m²
9	地毯	1 000	1 m×1 m 或 1 m²
10	三元乙丙橡胶条	50	1 kg
11	橡胶类板材(隔音隔热垫、调整垫)	1 000	1 m×1 m 或 1 m²
12	地板支撑等用减振材料或件	10	实物
13	电线电缆用防护编织网或套管	50	1 m
14	防寒材(碳纤维、纤维棉、玻璃棉等)	1 000	1 m×1 m 或 1 m²
15	主风道	1 000	垂直于横截面方向取 0.5 m
16	支风道、软风道	1 000	实物
17	二等座椅	2 000	实物
18	VIP 座椅	2 000	实物
19	司机室座椅	1 000	实物
20	翻板凳、折座(边座)	50	实物
21	电线电缆	50	1 m
22	司机室操作台	2 000	实物
23	风挡(双层风挡仅适用于内风挡)	1 000	1 m×1 m 或 1 m²
24	行李架	2 000	长度 1～1.5 m 之间的实物,超出需剪裁
25	卧铺	2 000	实物
26	座椅套	1 000	实物

5. 采集气体的分析

样品散发完成后,袋内气体的采集根据袋子体积不同,在满足最小检出含量的基础上,通常有如下两种采集条件(表 4-34)。采集好的 Tenax-TA 管,通过热脱附气相色谱质谱直接分析;采集好的 DNPH 管,经乙腈溶剂洗脱后,通过高效液相色谱分析。

表 4-34 气体采集条件

项　　目	10 L 采样袋		50 L、1 000 L、2 000 L 采样袋	
	苯、甲苯、乙苯二甲苯、苯乙烯、TOP 10 及 TVOC	甲醛、乙醛、丙烯醛及特定醛酮	苯、甲苯、乙苯二甲苯、苯乙烯、TOP 10 及 TVOC	甲醛、乙醛、丙烯醛及特定醛酮
采样管	Tenax-TA 管	DNPH 管	Tenax-TA 管	DNPH 管
采样流量/(mL·min^{-1})	100	500	200	800
采样时间/min	10	4	15	15
采样体积/L	1	2	3	12

6. 影响测试结果的因素

挥发性有机物与禁限用物质相比,其最大的特点就是具有持续变化的过程,产品一旦下线,其内部的挥发性有机物就处在不断的变化之中,因此其测试结果也是最难以重复的。结合目前的分析手段,结果差异主要来自两方面的因素:

(1) 样品的状态,比如下线到产品测试前的包装情况、间隔时间、温湿度环境等。

(2) 测试结果的计算规则,由于标准存在描述不明确的情况,这类问题的处理方式不同,结果会有差异。

4.2 国外要求

4.2.1 欧盟管控物质测试

欧盟是由多个欧洲国家组成的国际组织,在司法上,欧盟有独立的法律体系,在欧盟的基础法律《欧洲联盟条约》中,把高水平地保护消费者的健康、安全和经济利益、保护环境安全,同时建立统一的市场、最大限度地促进商品在欧盟境内自由流通作为欧盟的重要目标之一,并为此制定了大量涉及产品安全、卫生、质量、包装和标签的技术法规、协调标准和合格评定程序。在有害物质测试方面,根据法规、指令、技术文件等要求不同,有不同的执行办法。例如 REACH、POPs 等属于通用型法规,没有专门指定的检测方法,而 RoHS 指令属于行业管控要求,有官方匹配的检测方法。

1. UNIFE、REACH、POPs、ODS 等法规测试

欧盟的有害物质测试与国内的禁限用物质测试流程框架是一致的,同样包括产品送检(含拆分、样品准备要求等)、检测执行和结果评判三大环节,对于产品送检规则在本章中已有描述,在此不再赘述。虽然上述法规和要求没有统一指定的测试方法,但从检测执行的角度,测试采用的原理和方法都是类似的。

(1) 无机化合物的检测

由于无机化合物结构的特殊性和检测技术瓶颈,目前采用元素或离子检测后再换算的方式进行检测。通常参照 US EPA 3052、US EPA 3050B 等标准,选用不同的酸消解样品后,使用 ICP-OES、ICP-MS 等仪器测试元素含量。离子检测通常采用燃烧或特定溶液提取后,进行离子色谱分析。对于一些特殊的无机化合物不能采用单一元素换算的方式,以砷酸铅为例,当砷或铅元素有 1 种未检出的时候,可判断材料中无砷酸铅这一化合物;当两个元素都有检出的时候,需要分别以砷或铅来进行换算,取换算结果最小的数据作为材料中砷酸铅化合物的含量值。类似情况还有纤维类物质,在实施元素检测前,还需要对其纤维特征进行定性鉴别。只有当纤维特征与元素检测都匹配的时候,才能判断此类物质的存在。

(2) 有机化合物的检测

有机化合物部分是管控的重点,也是检测的难点。以 UNIFE-RISL 清单为例,其管控的有机物根据结构和功能的相似性可分为邻苯类、卤系阻燃剂类、芳香胺类、紫外吸收剂类、ODS 类、全氟化合物类、溶剂类等,由于其性质相差很大,难以用一组条件完成全部测试。

因此可以将物质分成几类,针对每一类采用合适的提取和分析方法。有机测试的前处理方法较多,如超声提取、索式提取、加速溶剂萃取等,通常选择简单易行的超声提取方式。在提取溶剂选择方面,正己烷、丙酮、甲苯、甲醇、二氯甲烷是经常使用的几种溶剂,为了适用于更多类型的材料也可以选择混合溶剂。仪器分析优选气相质谱法或液相色谱串联质谱法,提高分离分析的效率;为适应不同类型的化合物也可选择顶空气相色谱质谱法或高效液相色谱法。如气相质谱法检测芳香胺、邻苯和多溴联苯等,液相色谱串联质谱法分析全氟化合物、染料类化合物等,顶空气相色法分析ODS类和溶剂类化合物。

(3) REACH 附录 17 特别关注部分

REACH-SVHC 及 POPs 等管控范围内的所有有害物质都需要进行检测,例如 REACH-SVHC 管控 240 项化合物,那么这 240 项化合物都需要进行检测。而 REACH 附录 17 的执行规则有很大的不同,截至 2024 年 2 月附录 17 管控增加到 78 个条款,每个条款都有各自的管控范围。在执行附录 17 的检测之前,需要根据产品的特征和用途选择相应的执行条款,并非所有条款都需要检测。以附录 17 条款 2 和条款 61 为例(表 4-35),条款 2 仅气体喷射剂及含有该物质作为推进剂的气雾喷射器需要进行检测,而条款 61 则管控全部类型的物品及其部件。

表 4-35 REACH 附录 17 部分条款示例

附录 17 条款号	物质名称	限制条件原文	限制产品类型
第 2 条	氯乙烯 (Chloroethylene)	Shall not be used as propellant in aerosols for any use. Aerosols dispensers containing the substance as propellant shall not be placed on the market	气体喷射剂及含有该物质作为推进剂的气雾喷射器
第 61 条	富马酸二甲酯 (Dimethyl fumarate)	Shall not be used in articles or any parts there of in concentrations greater than 0.1 mg/kg. Articles or any parts there of containing DMF in concentrations greater than 0.1 mg/kg shall not be placed on the market	物品及其部件

(4)送检质量要求

结合上述对检测执行方法的分析,以均质材料计,对应法规和要求建议送检数量见表 4-36。

表 4-36　有害物质检测样品量要求

序号	产品或材料类型	UNIFE	REACH-SVHC	REACH 附录 17	POPs	ODS
1	与皮肤直接及长期接触的金属或金属镀层	50 g+450 cm² 面积	50 g	50 g+450 cm² 面积	—	—
2	金属(除序号 1 情况外)	50 g+300 cm² 面积	50 g	50 g	—	—
3	无机非金属(玻璃,陶瓷,磨料,砂石等)	300 g	50 g	50 g	—	—
4	其他非金属(含油漆,涂层,皮革,纺织品,化工品,木材)	800 g	100 g	100 g	50 g	20 g

(5)化学品安全说明书

欧盟在联合国 GHS 基础上,结合 REACH 法规实施进程,于 2009 年 1 月 20 日推出了《欧盟物质和混合物的分类、标签和包装法规》(以下简称《CLP 法规》),并从 2010 年 12 月 1 日起和 2015 年 6 月 1 日起分别对化学物质和混合物全面执行《CLP 法规》,轨道车辆相关的化学品也包含其中。

化学品安全说明书(safety data sheet,SDS),国际上称作化学品安全信息卡,是化学品生产商和经销商按法律要求必须提供的化学品理化特性(如 pH 值、闪点、易燃度、反应活性等)、毒性、环境危害以及对使用者健康(如致癌、致畸等)可能产生危害的一份综合性文件。它包括危险化学品的燃、爆性能,毒性和环境危害,以及安全使用、泄漏应急救护处置、主要理化参数、法律法规等方面信息的综合性文件,也是 REACH 法规中法定的信息传递载体之一。

①SDS 文件要求

根据联合国 GHS 制度、欧盟 REACH 法规、国际标准 ISO 11014:2009,以及我国 GB/T 16483—2008、GB/T 17519—2013 等最新标准的规定,SDS 编写由以下 16 个部分信息组成,每个部分的标题、编号和前后顺序不应随意变更。

第一部分:化学品及企业标识

第二部分:危险性概述

第三部分:成分/组成信息

第四部分:急救措施

第五部分:消防措施

第六部分:意外泄漏措施

第七部分:处理与存储

第八部分:暴露控制/人员保护

第九部分:物化特性

第十部分:稳定性和反应性

第十一部分:毒理学信息

第十二部分:生态学信息

第十三部分:废弃处理

第十四部分:运输信息

第十五部分:法规信息

第十六部分:其他信息

②SDS文件有效期

SDS没有明确的有效期,但SDS文件并不是保持不变的。出现如下情况,企业或责任主体必须及时更新SDS报告内容:

a. SDS所针对的产品中物质/组分/配方发生了改变。

b. SDS制定的法规依据及其要求发生了改变。

c. SDS所针对的产品发现了新的危险特性,如SVHC新增的物质。

d. SDS针对物质的毒理学信息/生态信息等有新认知或新数据等。

2. RoHS指令测试

与REACH等法规不同的是,RoHS指令要求的有害物质检测明确了配套的测试标准,见表4-37。除了常规的检测分析方法外,还增加了XRF的筛选方法。该筛选方法成本低、速度快、环保,其应用使得在实验室进行大批量、低成本、短周期的 RoHS 检测成为可能。

表 4-37 RoHS 指令覆盖的各项物质测试配套标准/设备/样品量

测试项目	测试方法	测试仪器	样品量以均质材料计
铅、镉、汞、铬、氯、溴	IEC 62321-3-1:2013	XRF	5 g
铅(Pb)	IEC 62321-5:2013	ICP-OES	5 g
镉(Cd)	IEC 62321-5:2013	ICP-OES	5 g
汞(Hg)	IEC 62321-4:2013+AMD1:2017 CSV	ICP-OES	5 g
六价铬[Cr(Ⅵ)]	IEC 62321-7-1:2015 & IEC 62321-7-2:2017	UV-Vis	5 g+300 cm^2
多溴联苯(PBBs)	IEC 62321-6:2015	GC-MS	10 g
多溴二苯醚(PBDEs)	IEC 62321-6:2015	GC-MS	10 g
邻苯二甲酸酯(DBP, BBP, DEHP, DIBP)	IEC 62321-8:2017	GC-MS	10 g

排除豁免范围内的产品,图 4-11 所示为整个分析流程。

(1) 第一步:对样品进行拆分以获得可用于仪器测试的检测单元,样品拆解部分参照本章前文描述。

(2) 第二步:用 XRF 对第一步拆分获得的检测单元进行筛选测试。

(3) 第三步:用化学确证分析方法对第二步 XRF 测试过程中"不能判定"结果进行进一步确证分析测试,最后根据整个测试结果对该样品 RoHS 符合性进行判定。

对于单一均质材料的产品或原材料,建议直接按照常规方法检测;对于部件较多的成品建议先进行 XRF 筛选测试,对于 XRF 测试结果不能直接判定的项目,再执行常规的检测分析方法,以降低检测成本。

4.2.2 非欧盟国家管控物质测试

目前除了欧洲铁路行业协会发布的 RISL 清单专门针对轨道交通产品有害物质管控,美国及加拿大等国家及相应组织对轨道交通行业中涉及的有害物质尚无专门的法律法规。同时由于各国立法机制不

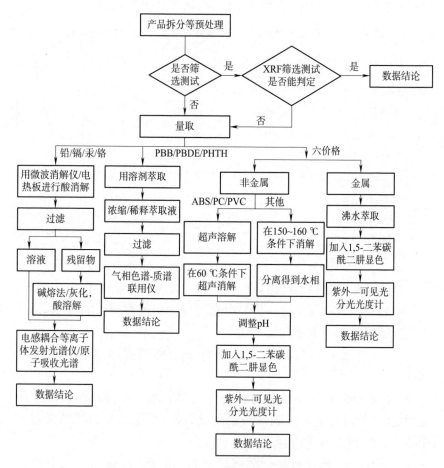

图 4-11 RoHS 产品检测流程图(排除豁免范围)

同,管理方式差别也很明显。这也给轨道交通产品出口相关目的国带来很大的挑战。针对非欧盟国家轨道交通产品有害物质的测试,整体解决办法如下:

(1)第一步:识别相关目的国管控范围、管控办法和限值要求。

(2)第二步:产品拆解送检。

(3)第三步:检测执行与符合性判定。

5 报告和声明

合格评定具有三种形式,第一种是由第一方(对象或产品供方)所提供的证明,第二种是由第二方证明(即由使用产品的用户对该产品颁发的证明),第三种是第三方证明(即由检测机构、产品认证机构、体系认证机构等对被评估对象出具的符合性证明)。其中检测报告包含在第三种证明方式中,是实验室最终的产品,具有公平公正性。检测报告的质量直接反映出该实验室的检测技术能力和管理水平,影响到企业的切身利益和自身信誉。而自我声明是合格评定的第一种方式,是企业自我承诺符合以满足标准的一种合格评定程序,是供方自我评定的形式。ISO/IEC 17050:2004《合格评定 供方的符合性声明 第1部分:通用要求》标准中明确了第一方符合性声明的概念、性质、目的及所应包含的内容。该标准中规定"符合性声明指供方就产品(包括服务)、过程、管理体系、人员及机构符合规定要求所作的声明"。符合性声明的目的是对确定的对象符合其声明中所提及的规定要求做出保证,并且由供方对声明对象符合规定的要求承担责任。自我声明,更多依赖企业的诚信。合格评定虽然有不同的形式,但是具有同等的法律效力。

5.1 报告解读

目前我国检验检测机构数量庞大、竞争激烈,整个检验检测行业主要由三部分组成:政府所属事业单位性质(国有)检测机构、民营检测机构、外资检测机构。无论哪种类型,他们依据的管理体系基本是相同的,以 CNAS 和 CMA 为主,因此这些检测机构出具的报告,内容也基本是一致,仅在呈现方式上具有差异化和个性化。

5.1.1 报告基本内容

根据 ISO/IEC 17025:2017《检测和校准实验室能力的一般要求》和 RB/T 214《检验检测机构资质认定能力评价 检验检测机构通用要求》的相关要求,一份完整的报告通常需要包含如下三部分的内容。

1. 通用内容要求

除非实验室有效的理由,每份报告应至少包括下列信息,以最大限度地减少误解或误用的可能性。

(1)标题(例如"检测报告""校准证书"或"抽样报告")。

(2)实验室的名称和地址。

(3)实施实验室活动的地点,包括客户设施、实验室固定设施以外的地点、相关的临时或移动设施。

(4)将报告中所有部分标记为完整报告一部分的唯一性标识,以及表明报告结束的清晰标识。

(5)客户的名称和联络信息。

(6)所用方法的识别。

(7)物品的描述、明确的标识以及必要时物品的状态。

(8)检测或校准物品的接收日期,以及对结果的有效性和应用至关重要的抽样日期。

(9)实施实验室活动的日期。

(10)报告的发布日期。

(11)如与结果的有效性或应用相关时,实验室或其他机构所用的抽样计划和抽样方法。

(12)结果仅与被检测、被校准或被抽样物品有关的声明。

(13)结果适当时,带有测量单位。

(14)对方法的补充、偏离或删减。

(15)报告批准人的识别。

(16)当结果来自外部供应商时,清晰标识。

2. 特定内容要求

当检测结果需要解释时,检测报告还应包含以下信息:

(1)特定的检测条件信息,如环境条件。

(2)相关时,与要求或规范的符合性声明。

(3)适用时,在下列情况下,带有与被测量相同单位的测量不确定度或被测量相对形式的测量不确定度(如百分比)。

①测量不确定度与检测结果的有效性或应用相关时。

②客户有要求时。

③测量不确定度影响与规范的符合性时。

(4)适当时,意见和解释特定方法、法定管理机构或客户要求的其他信息。

3. 报告符合性内容

(1)符合性声明适用的结果。

(2)满足或不满足的规范、标准或其中的部分。

(3)应用的判定规则(除非规范或标准中已包含)。

注:详细信息见 ISO/IEC 指南 984。

5.1.2　相关术语及缩写解释

报告中常见的重要术语通常情况定义如下:

(1)LOD(Limit of Detection)

又称为检出限,指由基质空白所产生的仪器背景信号 3 倍值的相应量,或者以基质空白产生的背景信号平均值加上 3 倍的均数标准差。由给定策略程序获得的测得量值,其对物质中不存在某种成分的误判概率为 β,对物质中存在某种成分的误判概率为 α。

注 1:国际理论化学和应用化学联合会(IUPAC)推荐 α 和 β 的默认值为 0.05。

注 2:检出限往往分为两种:方法检出限和仪器检出限。

[ISO/IEC 指南 99:2007,定义 4.18]

(2)MDL(Method Detection Limit)

称为方法检出限,为用特定方法可靠地将分析物测定信号从特定基质背景中识别或区分出来时分析物的最低浓度或量。即 MDL 就是用该方法测定出大于相关不确定度的最低值。确定 MDL 时,应考虑到所有基质的干扰。

(3)IDL(Instrumental Detection Limit)

称为仪器检出限,为用仪器可靠地将目标分析物信号从背景(噪音)中识别出来时分析物的最低浓度或量。随着仪器灵敏度的增加,仪器噪声也会降低,相应 IDL 也降低。

注:方法的检出限(MDL)不宜与仪器最低响应值相混淆。使用信噪比可用来考察仪器性能但不适用于评估方法的检出限(MDL)。

(4) N. D. [Not Detected (＜MDL)]

表示未检出,即检测到的信号强度小于方法检出限对应的信号强度,常缩写为"N. D."。

(5) N. A. D. (No Asbestos Detected)

表示未检出石棉,即未发现任何石棉成分,常缩写为"N. A. D."。

(6) mg/kg

表示百万分之一,也可缩写为 ppm。

(7) Negative(Not contained)

表示阴性,不含有,用于定性分析的结果表述。符合:判定产品是否符合技术标准,在报告中对产品做出合格的结论。不符合:判定产品是否符合技术标准,在报告中对产品做出不合格的结论。

(8) N/A(Not Applicable)

表示不适用,也就是产品不在指定的范围内,不涉及指定的指标。

(9) Qualitative and Semi-quantitative

定性半定量表示可以准确识别到某一具体物质,但其测试结果是基于此选定参照物质的浓度和仪器响应等情况计算得到。

5.1.3 报告示例说明

以欧盟持久性有机污染物法规检测报告为例,相关说明如图 5-1～图 5-4 所示。

5.2 产品声明

供方符合性产品声明(supplier's declaration of conformity,SDOC),有时也被称为"制造商符合性声明"或"自我符合性声明",是国际贸易合格评定领域中一种常用的合格评定程序,它在消除贸易壁

5 报告和声明

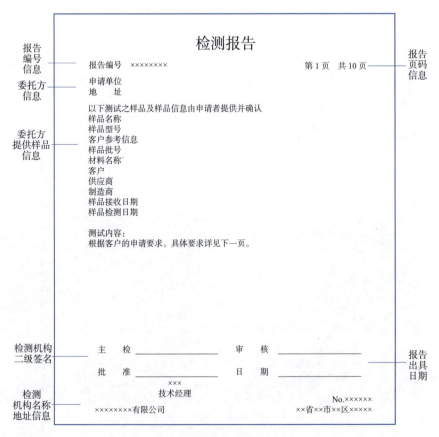

图 5-1 检测报告示例(一)

垒、降低贸易成本等方面具有重要作用。正确认识、理解 SDOC 的定义、要素、机制、适用条件等,对我国商品质量合格评定的理论和实践具有重要意义。

5.2.1 通用要求

符合性声明的出具方(出声明的组织或人员)应对声明的出具、保持、扩大、缩小、暂停或撤销及声明的对象符合规定要求承担责任。符合性声明应由一个或多个第一方、第二方或第三方进行的合格评定活动(如检测、测量、审核等)的结果为基础。适用时,涉及的合格评定机

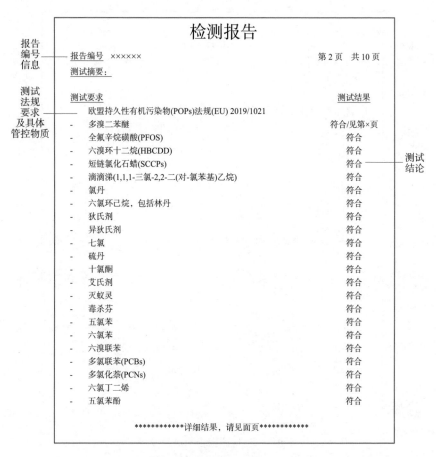

图 5-2 检测报告示例(二)

构应当符合相关的国家标准、国际标准、指南和其他规范性文件。当符合性声明是针对一组类型相似的产品时,应覆盖该组中的每一个产品;当符合性声明是针对一段时间交付的类似产品时,应覆盖交付或接受的每一个产品。

5.2.2 符合性声明的内容

符合性声明的出具方应确保声明包含足够的信息,使符合性声明的接受者能够识别该声明的出具方、对象、符合的标准或其他规定要求,以

5 报告和声明

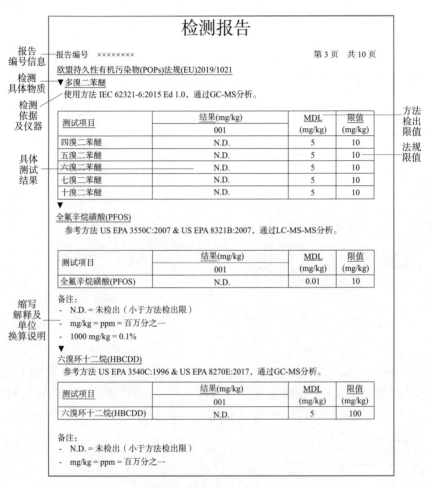

图 5-3 检测报告示例(三)

及代表出具方签署声明的人员。符合性声明至少包含以下内容：

(1)符合性声明的唯一性标识。

(2)符合性声明出具方的名称和联系地址。

(3)符合性声明对象的识别特征,如:产品的名称、类型、生产日期或产品型号,对过程、管理体系、人员或机构的描述和(或)其他相关的附加信息。

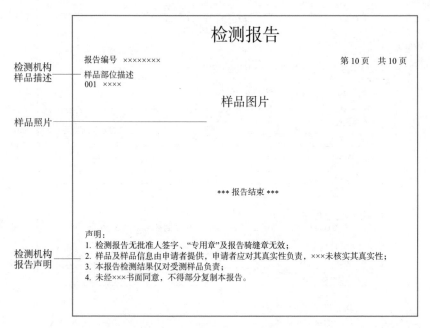

图 5-4 检测报告示例(四)

对符合性的陈述要求:一份标准或其他规定要求以及所选项目的完整、清晰列表;出具符合性声明的日期和地点;代表出具方的被授权人的姓名、职务和签字(或等效标记);对符合性声明有效性做出的任何限制。

5.2.3 符合性声明的有效性

出现下列情况时,应当重新评价符合性声明是否还有效:
(1)对象的设计或规格有重大影响的变化。
(2)声明的对象所依据的标准发生变化。
(3)供方的所有权或管理结构发生变化(与声明有关时)。
(4)相关信息表明产品可能不符合规定要求时。

5.2.4 符合性声明的格式

参考格式分别如图 5-5 和图 5-6 所示。

5 报告和声明

供方符合性声明（一）
1） 编号
2） 出具方名称
出具方地址
3） 声明的对象
4） 以上描述的声明对象对下列文件的要求
文件号　　　　　　标题　　　　　　版本/发布日期
5） 附加信息
6） 签字方代表的组织
出具地点和时间
7） 出具方授权的签字人姓名和职务
出具方授权的签字或等效标记

图 5-5　符合性声明的参考格式（一）

供方符合性声明（二）

1.供方：_____
2.联系方式（地址、邮编、电话、电子邮箱）_____
3.声明产品和规格型号：

序号	产品名称	规格型号	技术支撑文件编号	技术支撑文件类型
1				
2				
3				
…				

我方郑重声明：上述产品投入市场时，有害物质符合《××××》和《×××××》关于限量要求的规定，并对上述声明内容及相关技术支撑文件的真实性、完整性、一致性负责。

法人代表或授权签字人姓名_____　职务_____
　　　　　签字：　　　日期：
　　　　　　　　　　（公司盖章）

图 5-6　符合性声明的参考格式（二）

6 环保研究方向

环保材料的选择是实现产品环保的主要因素,各国都有不同的法规和要求规范限制材料以及车内空气的环保指标,以满足保护司乘人员健康和促进环境可持续发展的需求。对于轨道交通车辆,如何识别法规条款,如何确定污染源及其贡献对车辆整体环保水平的有效控制和提高至关重要。

本章内容以中车株机相关化学环保研究取得的阶段性成果为实际案例,分别从挥发性有机物、气味和有害物质三个维度详细阐述相关技术方法与应用。

6.1 挥发性有机物研究

挥发性有机化合物作为环保材料一个重要管控指标备受关注,是室内空间一种非常关键的污染物,通常以气态形式存在于空气中。轨道车辆因其空间有限,密封性好,内饰材料种类多等原因 VOC 污染的程度通常高于建筑室内空间。驾驶员和乘客会长时间暴露于内饰件释放的 VOC 环境中,因此轨道车辆车内空气质量越来越受到关注。

6.1.1 整车与部件 VOC 研究

1. 研究意义

铁路行业的环保标准 TB/T 3139—2021 对车内空气质量做了管控要求,包含甲醛和 TVOC 两个指标,其中甲醛质量浓度不得超过 $0.1~mg/m^3$,TVOC 质量浓度不得超过 $0.6~mg/m^3$。其中 TVOC 是多种挥发性有机成分的总和,来自车辆中的多种材料。每种材料对 TVOC 的贡献如何,怎样制定材料的 VOC 管控的指标,不同状态下车内 VOC 的分布情况差异如何等,这一系列问题都是研究人员长期以来不断探索的方向。虽然材料散发 VOC 与车内空间 VOC 之间的关系极其复杂,但也遵循着一定的规律。充分研究材料中 VOC 的组成特征和其散发规律,探讨整车中 VOC 组成分布和其溯源方法有助于为预防和减少挥发性有机物污染带来的危害提供理论依据。

2. 技术难点

(1)空气采集技术更多依赖于吸附材质的种类极其吸附和脱附的能力,常规的 Tenax-TA 管对于色谱保留时间在正己烷和正十六烷间的化合物有较好的吸附效果,然而对于一些低分子量的丙烷、丁烷、二甲醚、二氯甲烷等极易挥发有机物吸附性较差,导致无法对个别产品的 VOC 做出准确判断。

(2)大部分主机厂更期望在部件验收阶段就能够对整车的环保水平进行预测和分配,然而轨道车辆基本按照订单生产,不可能将成车拆解后用于溯源分析的工作,整体溯源工作难度远远高于汽车行业。

(3)车辆部件面积和体积较大,通常需要进行产品破坏后检测,导致环保数据获取难度增加。

3. 技术方法

(1)建立材料 VOC 散发特性评价指标

固体材料在惰性气体的密闭环境中,开始时环境里的 VOC 浓度较低,不会抑制散发,可认为此时产品是恒定散发状态,密闭环境中的 VOC 污染物浓度随产品散发面积的增大而升高,因此可通过线性拟合求得浓度的增长率,进而求得产品在该环境中的散发速率,即固有散发速率,用来表征没有环境干扰或抑制时产品的 VOC 散发能力情况。以胶黏剂产品为例,参考 ISO 12219-2:2012 袋式法,首次通过密闭状态下载荷比(片状样品单面散发面积与袋内气体体积之比)与 TVOC 散发量的关系研究,测定了密闭状态下固化后聚氨酯胶黏剂的 TVOC 固有散发速率,用于评价产品环保性能。

(2)建立多维综合评价方法

现有材料 VOC 的管控指标多基于单一测试条件的表征结果,很难全面地评价产品的环保特性。基于此提出综合多表征角度的产品环保属性评价法,可以更好地帮助使用者筛选优质的原材料。同样以胶黏剂产品为例,从 VOC 的常温释放、高温释放、释放总量和释放速率等四个方面考察其环保特性,建立以低释放、低总量、高释放率为原则的综合评价方法。

(3) 建立多维 VOC 表征方法

VOC 的表征方法多种多样,每种方法都有其优缺点。以发泡胶粘剂为例,结合质量法、袋式法、顶空法、VOC 定量分析法和快速袋式法的优点并将其运用到聚氨酯发泡胶 VOC 检测中,对聚氨酯发泡胶固化阶段和成型阶段 VOC 散发情况进行了全面的检测分析,以经济、便捷、有效的方法实现产品使用过程中的 VOC 散发特性表征。

(4) VOC 逆向溯源策略

为了了解和明确挥发性有机化合物的来源,行业内的技术人员已经进行了许多研究。其中一个重要的研究工具或者研究方法就是溯源研究。从工作方法开展的角度可以分为正向溯源和逆向溯源。对于逆向追溯,最广泛使用的模型是化学质量平衡(CMB)模型、主成分分析(PCA)模型和正矩阵分解(PMF)模型。对于正向溯源,已经开发了基于传质的吸附/脱附模型来预测室内环境中的 VOC 浓度。虽然这两种方法都能揭示各组分对污染水平的贡献,但都需要详细的污染源数据信息,成本高、耗时长。同时,这些方法的研究还不够充分,应用于轨道交通车辆的可行性和准确性尚不清楚。以轨道车辆驾驶室及其内部具有全暴露面的部件为例,建立了简洁、高效、经济、适用的逆向溯源方法。先测试分析部件和驾驶室内释放的 VOC 种类和浓度,通过计算部件与整车 VOC 的匹配系数,确认对整车 VOC 贡献明显的关键部件,利用质量守恒原理计算各部件对 TVOC 和甲醛的贡献率,明确驾驶室内空气质量改善的目标和对象。

(5) 整车 VOC 分布预测

以材料和部件袋式法结果为基础,结合散发面积、质量流量、校正因子和散发贡献率可以较好地预测出装车后车内的 VOC 浓度范围,同时结合以计算流体力学(computational fluid dynamics, CFD)为理论基础的数值分析,建立基于部件检测的整车 VOC 预测方法,以实现装车前整车 VOC 浓度预测,并仿真分析新风开启状态下 VOC 的浓度分布,确定其可能对司机职业卫生安全的影响,为预防和减少挥发性有机物污染带来的危害提供理论依据。

4. 创新点

与传统的 VOC 研究方法相比,上述技术方法的创新点体现在以下三个方面:

(1)提出从散发机理出发提出了更可靠的散发特性评价指标,同时建立多维度的综合评价指标,更能反映产品的环保属性。

(2)应用基于多种检测技术联用的表征策略,实现化工产品使用过程中的 VOC 散发特性表征。

(3)综合分析现有溯源技术,应用一种简捷高效的溯源方法,创新性地引入整车和部件气味溯源和评级的方法,通过对不同工况条件下整车部件、材料 VOC 的释放量、VOC 组成成分研究,建立整车—部件—材料 VOC 和气味之间的关联,实现 VOC 和气味溯源,为从源头改善车内空气质量提供数据支持。

6.1.2 VOC 快速检测研究

1. 研究意义

轨道车辆车内空气质量的改善与提升是行业的热点问题,目前其材料和部件的管控普遍参考 ISO 12219-2:2012 的袋式法,存在检测周期长(产品下线到获取测试结果要 10 天左右)、费用高、操作复杂和检测结果受吸附管种类限制等缺点,此外该方法灵活性受限,须送样至实验室测试,只能进行单点采样,无法对材料和部件中甲醛和 TVOC 情况进行连续监测。

为了能在现场快速、高效、经济地对产品中甲醛和 TVOC 进行过程监管和放行检验,迫切需要开发一种现场快速检测方法,满足轨道车辆主机厂对产品材料和部件快速筛选的要求。此方法的开发,能显著降低轨道交通供应链上产品检测周期、成本,通过在主机厂、运维公司和监管单位间不断地应用和推广,建立轨道交通行业甲醛和 TVOC

的快速检测市场,真正做到服务"一带一路"倡议和助力中国高铁的绿色环保质量提升。

2. 技术难点

传统实验室仪器分析方法与快速检测方法,使用的仪器不同,分析原理不同,两种方法不具有直接可比性。此外,考虑标准的评判要求通常以传统实验室法的测试结果为依据,而快速检测方法的测试结果不具有直接评判的效力,因此研究任务需要解决的主要问题是如何建立两种检测方法之间的可比性,确认一种适用于快速检测方法的评判规则,并指导实际应用。

(1) 甲醛传统检测与快速检测原理差异

传统的甲醛检测通常有两种方法,一种是以酚试剂或乙酰丙酮为显色剂的化学分析法,另一种是以 DNPH 进行衍生的仪器分析法。无论是化学分析法还是仪器分析法都需要在现场对气体进行采集,并且通过实验室分析才能够出具具体的测试结果。而甲醛快速检测仪法通常采用的是一种比较可靠的电化学传感器技术,当空气被检测仪内部采样系统吸进之后,发生电化学反应将产生一个电压,且该电压与甲醛浓度成正比。该电压经放大器放大后,甲醛浓度就会在显示器上显示出来。

(2) TVOC 传统检测与快速检测原理差异

传统的 TVOC 检测通常以 Tenax-TA 或 Tenax-GC 为吸附剂,经热脱附气相色谱质谱或热脱附气相色谱氢火焰离子化检测器分析。而 TVOC 的快速检测法(这里主要讨论光离子化技术)是将空气样品直接注入光离子化气体分析仪,气体进入离子化室后于真空紫外光子的轰击下,将 TVOC 电离成正负离子形成可被检测到的离子电流,这些离子电流将被相关电路放大,经换算后直接显示为检测的 TVOC 浓度。

3. 技术方法

为解决技术难题,实现传统袋式法和便携检测设备相结合,开发出一种快速检测袋式法(图 6-1),并将该方法应用到轨道交通车内空气,部件和材料的挥发性有机物检测中,提高产品检测效率,相关工作

共包含如下三个主要部分:

(1) 首先,通过对标准溶液的分析,进行方法学研究,验证快速袋式法的准确性、可靠性和可行性。

(2) 其次,将轨道交通产品按照类型进行区分和测试分析,制定快速检测结果的判定方法,并对此方法做出评估。

(3) 最后,确定快速检测方法的持续应用和进行成果验收。

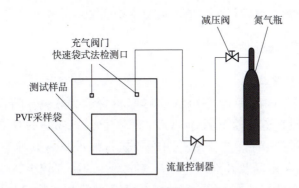

图 6-1　快速袋式法仪器设备连接示意

4. 创新点

在传统袋式法研究的基础上,将 TVOC 和甲醛的检测设备由热脱附气相色谱质谱联用仪和高效液相色谱仪更改为对应的 TVOC 便携式检测设备及甲醛便携式检测设备,同时确认了两种分析方法之间的可对比性。该方法采样和检测过程简化、采气量少、检测周期短(表 6-1)、成本低,可实现非固定场所的快速筛选测试和 VOC 释放情况的连续监测,有利于企业更快捷有效地掌握材料和部件中甲醛及挥发性有机物的释放情况。

表 6-1　传统袋式法与快速袋式法检测周期对比

对比内容	传统袋式法	快速袋式法
送检/物流时间	2~5 天	供应商处现场检测
检测时间	1 天	及时和在线检测
分析时间	1~2 天	实时数据

6.2 气味研究

气味干扰是一种与噪声干扰、振动干扰类似的环境空气感官污染,目前已被列为环境公害之一。这不仅是因为它们在预测潜在健康风险方面的作用,还因为气味本身可能导致健康症状。特别是,一些 VOC 污染物在浓度低于限值的情况下会影响整体感官印象。

6.2.1 整车与部件气味研究

1. 研究意义

每种 VOC 都有其气味属性,VOC 的释放必然也伴随着气味的产生。现阶段轨道交通车辆对 VOC 的管控已经有明确的要求和检测方法,但是对气味的管控暂未有明确的执行标准。与其他室内环境相比,轨道铁路车辆及其部件与材料气味特性的研究较少。哪些物质是对车内空间的气味影响最大,如何从源头上找到气味活性组分,如何建立车内空间及其部件与材料的气味控制标准,如何解决面临的气味污染等,这一系列问题都需要我们逐步去寻找答案,以提高轨道交通车辆的室内空气品质。

2. 技术难点

(1) 目前对于 VOC 和气味研究的主要使用的是热脱附—气相色谱—质谱—嗅觉检测器分析法(GC-O Sniffer)。该方法虽然能够对气味强度进行评级,但无法对相同气味等级物质进行比较,且检测费用昂贵,需要专业的测试人员和气味嗅辨人员才能完成整个实验,因此需要开发一种更经济高效的气味评价方法。

(2) 气味识别和评价属于感官分析的范围,它的评价需要多位经过严格训练的嗅辨人员参与,且结果的主观因素相对较多。同时材料 VOC 和气味的散发是一个持续的过程,除了散发自身的 VOC 以外,还会吸附周边的外源性气味物质。材料生产下线与组装进入车辆内时,VOC 和气味状态有明显的差异。溯源难度和治理难度都很大。

3. 技术方法

(1) 多维气味特性检测与表征方法

气味可以用五个属性来描述：气味浓度、气味强度、气味愉悦度、气味性质和气味持久性。当两种材料气味强度等级相同时，引入更多的表征维度以进一步区分材料的气味品质。以聚氨酯发泡胶黏剂为例，一方面采用常规的 VDA270 气味强度评价法，另一方面通过袋式法 VOC 全谱结果，将阈稀释倍数（OAV）引入气味溯源和臭气浓度（OUT）评级中，获得了更好的气味定性定量评价结果。以橡胶密封条为例，在现有的检测方法并没有检测到具有臭味特征的化合物时，引入酸性吸附管特异性的吸附挥发胺类物质，对原有异味物质的贡献进行修正，避免常规袋式法可能引起的数据偏低或漏检的现象。

(2) 气味逆向溯源策略

与 VOC 溯源方法类似，以司机室内参与全暴露面的部件，采用袋式法分析部件释放的 VOC 种类和浓度，通过查找和计算不同 VOC 的嗅阈值计算出对应的 OAV，建立 VOC 含量和气味贡献强度的关系，筛选出部件主要气味来源物质。通过计算部件与整车气味物质的匹配系数，确认对整车气味贡献的关键部件。

(3) 气味治理

源头管控是 VOC 和异味控制非常有效的方法。对于车辆来说需要控制其组成部件，对于部件来说需要控制其原材料组成。而材料中 VOC 和异味的散发机理恰恰决定了其治理的有效方式。以司机室操纵台为例，从理论上阐述了控制材料初始气味物质浓度，加速材料内部物质扩散速率以及加速物质在气固界面的分离速率等措施在 VOC 和气味治理中的策略。

4. 创新点

与传统的气味研究方法相比，上述技术方法的创新点体现在以下三个方面：

(1) 建立多维度的气味评价指标，在一种指标结果等同的情况下，灵活地引入臭气浓度的概念，进一步区分材料的气味品质。

(2) 针对特殊性质的气味化合物，及时引入新的采集技术，在单纯气味强度和气味性质描述无法溯源的情况下,有效识别出对应的化合物指导溯源与整改工作。

(3)应用一种简洁、高效的溯源方法,分别从逆向角度,结合阈稀释倍数和相似度理论,实现目标物质和目标部件的定向追踪。

6.2.2 气味物质相互作用研究

1. 研究意义

气味的强度及其特殊性质很大程度上是由气味分子间的相互作用及浓度变化引起的。一种气味物质在混合物质中浓度的细微变化可以很大程度改变混合组分的气味强度和气味特性,同样几种气味物质的特定组合也会形成独特的气味性质。关键气味分子和分子间的气味相互作用同样都影响着材料与产品的气味属性。然而这些感知上的相互作用却是我们对产品气味研究中的瓶颈问题。对气味物质属性及其相互作用规律的探索不仅关系着轨道交通车辆产品的气味质量控制,也关系着行业内的技术创新。

2. 技术难点

(1)尽管气味可以通过化学分析和感官分析相结合的方法来识别研究,通过 VOC 浓度检测和嗅阈值的联合应用,可以以可量化和客观的方式评价单个化合物的气味贡献程度,但很难评估多种物质存在情况下气味的变化情况。

(2)车内气味物质组成复杂,各物质间存在互相影响。以二组分混合气味为例,气味物质间相互作用对混合物气味强度的影响可分为:融合作用(混合物气味强度等于单项物质气味强度之和)、协同作用(混合物气味强度大于单项物质气味强度之和)、拮抗作用(混合物气味强度小于单项物质气味强度之和)及无关响应(混合物的气味由某一种成分决定)。车内物质成分多达上百种,相互之间的作用更加复杂。

3. 技术方法

(1)结合整车与部件的 VOC 和气味测试结果,以贡献程度和检出频率为依据,筛选出轨道交通车辆需要重点关注的异味物质。

(2)以单一物质为研究对象,基于韦伯费希纳定律,研究单个物质浓度与气味强度的变化关系,识别出气味变化敏感的物质。

(3)以车内常见非主要气味贡献物质为背景气体,研究上述气味敏感物质在混合物质存在情况下的气味强度变化规律,识别出气味相互作用强烈的物质。

4. 创新点

首次以轨道交通车辆需要重点关注的气味物质为关注对象,探讨了气味物质的作用规律。一方面在韦伯费希纳定律的基础上,利用该规则识别出气味敏感物质;另一方面引入了双变量法气味相互作用的研究方法,解释了多种气味物质共存时其间的相互作用规律,为轨道交通气味物质的管控提供了强有力的深层次的理论依据。

6.3 禁限用物质管控研究

轨道交通车辆产品材料种类繁多,其中所含的有毒有害物质若不加管控,将严重威胁身体健康甚至是生命安全,同时也对生态环境造成难以估量的影响。典型的有毒有害物质如铅、镉、汞、铬、砷等重金属及其化合物,以及阻燃剂、增塑剂、禁用染料、多环芳烃、卤素、石棉等数百种有害物质。它们可以通过食物链进入人体,对人体的神经系统、生殖系统、内分泌系统等产生危害,引发癌症。最普遍的增塑剂是邻苯二甲酸酯类,其已被证实会干扰人体内分泌,影响生殖系统,诱发肝癌等。有毒有害物质的管控不仅仅是为了满足法规标准的要求,更是为了保护人类的健康安全和生态环境。

6.3.1 研究意义

现阶段世界各国对产品的绿色环保要求不断提高,各种环保法规纷纷出台,形成了绿色的贸易机制。轨道交通产品正面临出口车辆环保性能是否满足目的国家法律法规要求的风险。由于没有全面针对轨道交通车辆产品的禁限用物质管控要求,因此需要从众多的法规、条例、指令和决定等文件中识别出需要满足的管控要求及相应的管控力度,同时需要企业结合自身产品特征制定合理可行的管控措施,才能实现持续有效的管控,降低产品出口的风险。

6.3.2 技术难点

目前我国轨道交通车辆产品化学环保性能主要执行 TB/T 3139—2021、中车企标等。与众多国外环保法规相比,在管控方式、管控对象及具体的管控有害物质方面都存在较大差异。同时车辆产品材料种类繁多,都以检测作为监管手段,费用非常高昂,这大大增加了出口产品化学环保性能管控的难度。如何制定合理的管控策略,既符合出口国的环保政策要求,又能控制管控成本,是亟须解决的难题。

(1)管控方式:国外大多数采取从原材料生产开始,信息逐级传递申报的方式进行管控,而国内主要采取主机厂验收的方式管控。

(2)管控对象:国外大多数法规管控全部材料,而国内标准多数管控特定材料的有害物质,如 TB/T 3139—2021。

(3)管控的有害物质种类:以欧盟为例,其法规管控化合物远远多于国内标准,超 600 个条款。

6.3.3 技术方法

(1)整体管控策略

①第一步:法律法规等管控要求和禁限用物质的识别

以欧盟环保法规为例,通过对法规整理归纳分析,同时结合管控对象的范围及轨道交通车辆产品的结构特点,梳理出轨道交通车辆产品需要满足三个类型的要求,见表 6-2。

表 6-2 欧盟环保法规分类

序号	类型	涉及条例、指令等	管控特点
1	通用类型	REACH 法规、POPs 法规、ODS 法规、《含氟气体法》	适用于全部产品类型,具有法律约束力
2	特定产品	CLP 法规、RoHS 指令、电池指令、包装指令	适用于特定产品类型,具有法律约束力
3	行业要求	铁路行业物质清单	适用轨道交通车辆产品,供需双方间具有约束力

6 环保研究方向

②第二步:禁限用物质指标分级及管控要求制定

建立企业自身禁限用物质管控的标准要求,需要评估和有机融合欧盟法规及客户要求后制定,将禁限用物质要求通过设计输入转化到原材料的技术要求中。由于不同的材料含有禁限用物质的风险不同,禁限用物质的管控还需要与材料结合,通过材料风险学分析,识别出高风险的材料,进而识别出高风险的部件、整机和产品,分类分级归纳,以事前预防为主、事后检测为辅。

③第三步:过程风险识别

轨道车辆产品实现过程中,其设计、采购、生产以及物流等环节都可能引入禁限用物质,企业需要根据自身情况逐一识别。其中生产制造过程是风险最高的一个环节,因此禁限用物质的管控需要与制造过程相结合,识别出高风险的因素,避免在制造过程中额外引入禁限用物质。

④第四步:供应链管理

将内部管控要求传递给供应链,供应链上不同利益相关方共享整个生命周期内禁限用物质管控要求的信息,开展分级管控与重点管控相结合的模式。采取检测报告、符合性声明及供应商审核相结合的方式收集禁限用物质信息,结合识别出的禁限用物质管控清单及指标分级,综合考虑物料风险和供应商风险制定通用要求和特殊要求。对于具体的检测,首要任务是将产品逐级分解到材料层面(图 6-2)并进行分类,依据分类选择需要管控的目标物,以降低检测成本。

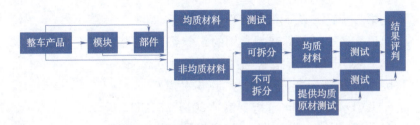

图 6-2 轨道交通车辆产品拆分流程

(2)部件产品认证策略

以出口欧盟轨道交通车辆部件产品 CE 认证为例,阐述轨道车辆部件产品认证策略。

①第一步:认证路径梳理

轨道车辆部件产品 CE 认证路径如图 6-3 所示。

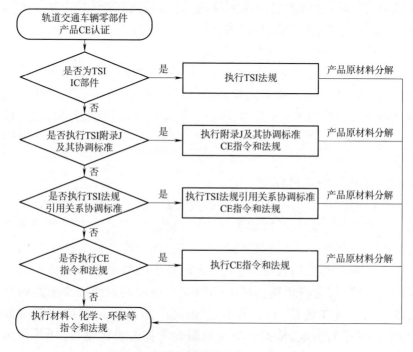

图 6-3 轨道车辆部件产品 CE 认证路径

②第二步:CE 认证指令梳理

轨道交通车辆部件产品常用的 6 个 CE 认证指令如下:

a. EMC 电磁兼容指令,指令编号 2014/30/EU。

b. MD 机械指令,指令编号 2006/42/EC。

c. LVD 低电压指令,指令编号 2014/35/EU。

d. RED 无线电设备指令,指令编号 2014/53/EU。

e. PED 压力容器指令,指令编号 2014/68/EU。

f. SPVD 简单压力容器指令,指令编号 2014/29/EU。

③第三步:认证产品范围识别

CE 认证的产品通常以能够单独实现某一功能的产品为认证对象,系统级部件及其二级部件都可以作为认证对象,不具备独立实现某一功能的产品无法单独进行 CE 认证。

④第四步:合格评定采用方法

CE 合格评定的方法通常包括检验、测试和认证,合格评定的程序通常包括内部生产控制、产品检验和全面质量保证等 15 个模式可以选择,具体选择何种模式视规则要求、制造商的规模、生产能力、质量保证能力、产品测试能力、产品出货数量等情况决定。

⑤第五步:明确认证结果证明方式

认证结果的证明可以采用认证证书、测试报告、符合性自我声明、评估报告等多种方式。

6.3.4 创新点

从禁限用物质管控的角度,结合国内外环保法规的要求和国内行业现状首次提出针对轨道交通车辆产品的整体管控策略,期望可以帮助更多的企业限制、消减、逐步取消有害物质的使用,提高轨道交通车辆产品的环保安全系数。从部件产品认证的角度,系统梳理认证的执行的流程和方法,为轨道交通车辆供应链出口的部件产品认证提供认证支持,避免出现不必要的贸易和安全风险。

附　表

附表1　《斯德哥尔摩公约》附件A（消除）

序号	化学品	活动	特定豁免
1	艾氏剂	生产	无
		使用	当地使用的杀体外寄生物药杀虫剂
2	α-六氯环己烷	生产、使用	无
3	β-六氯环己烷	生产、使用	无
4	氯丹	生产	限于登记簿所列缔约方被允许的豁免
		使用	当地使用的杀体外寄生物药、杀虫剂、杀白蚁剂。建筑物和堤坝中使用的杀白蚁剂、公路中使用的杀白蚁剂。胶合板黏合剂中的添加剂
5	十氯酮	生产、使用	无
6	十溴二苯醚	生产	限于登记簿所列缔约方被允许的豁免
		使用	根据《斯德哥尔摩公约》附件第九部分：《斯德哥尔摩公约》附件第九部分第2段所规定的车辆部件。2018年12月前提出申请并于2022年12月前获得批准的飞机型号及这些飞机的备件。需具备阻燃特点的纺织产品，不包括服装和玩具。塑料外壳的添加剂及用于家用取暖电器、熨斗、风扇、浸入式加热器的部件，包含或直接接触电器零件，或需要遵守阻燃标准，按该零件质量算密度低于10%。用于建筑绝缘的聚氨酯泡沫塑料
7	狄氏剂	生产	无
		使用	农业生产
8	异狄氏剂	生产、使用	无
9	七氯	生产	无
		使用	杀白蚁剂、房屋结构中使用的杀白蚁剂、杀白蚁剂（地下的）。木材处理、用于地下电缆线防护盒

续上表

序号	化学品	活动	特定豁免
10	六溴联苯	生产、使用	无
11	六溴环十二烷	生产	依照《斯德哥尔摩公约》附件第七部分的规定,限于登记簿中所列缔约方被允许的豁免
		使用	依照《斯德哥尔摩公约》附件第七部分的规定,建筑物中的发泡聚苯乙烯和挤塑聚苯乙烯
12	六溴二苯醚和七溴二苯醚	生产	无
		使用	根据《斯德哥尔摩公约》附件第四部分的规定的物品
13	六氯代苯	生产	限于登记簿所列缔约方被允许的豁免
		使用	中间体、农药溶剂、有限场地封闭系统内的中间物
14	六氯丁二烯	生产、使用	无
15	林丹	生产	无
		使用	控制头虱和治疗疥疮的人类健康辅助治疗药物
16	灭蚁灵	生产	限于登记簿所列缔约方被允许的豁免
		使用	杀白蚁剂
17	五氯苯	生产、使用	无
18	五氯苯酚及其盐类和酯类	生产	依照《斯德哥尔摩公约》附件第八部分的规定,限于登记簿中所列缔约方被允许的豁免
		使用	依照《斯德哥尔摩公约》附件第八部分的规定,五氯苯酚用于线杆和横担
19	多氯联苯	生产	无
		使用	根据《斯德哥尔摩公约》附件第二部分的规定正在使用的物品
20	多氯萘	生产	生产多氯萘包括八氯萘的中间体
		使用	生产多氯萘包括八氯萘
21	短链氯化石蜡(烷烃,C10-13氯化)且氯含量按质量计超过48%	生产	限于登记簿所列缔约方被允许的豁免
		使用	(1)在天然及合成橡胶工业中生产传送带时使用的添加剂。 (2)采矿业和林业使用的橡胶输送带的备件。 (3)皮革业,尤其是为皮革加脂。 (4)润滑油添加剂,尤其用于汽车、发动机和风能设施的发动机以及油气勘探钻井和生产柴油的炼油厂。 (5)户外装饰灯管,防水和阻燃油漆,黏合剂,金属加工。 (6)柔性聚氯乙烯的第二增塑剂,但玩具及儿童产品中的使用除外。

续上表

序号	化学品	活动	特定豁免
22	硫丹原药及其相关异构体	生产	限于登记簿所列缔约方被允许的豁免
		使用	用于防治根据《斯德哥尔摩公约》附件第六部分而列出的作物虫害
23	四溴二苯醚 五溴二苯醚	生产	无
		使用	根据《斯德哥尔摩公约》附件第五部分规定的物品
24	毒杀芬	生产、使用	无
25	得克隆	生产、使用	无
26	三氯杀螨醇	生产	无
		使用	有机氯杀螨杀虫剂,已在农业中用于控制各种大田作物、水果、蔬菜、观赏植物、棉花、茶叶上的螨虫。它还被用作棉花、柑橘和苹果作物的杀螨剂
27	甲氧氯	生产、使用	无
28	全氟辛酸(PFOA)、其盐类和PFOA相关化合物	生产	无
		使用	PFOA、其盐类和PFOA相关化合物广泛用于生产含氟弹性体和含氟聚合物,用于生产不粘厨具、食品加工设备。PFOA相关化合物,包括侧链氟化聚合物,在纺织品、纸张和油漆、消防泡沫中用作表面活性剂和表面处理剂。在工业废物、防污地毯、地毯清洁液、室内灰尘、微波炉爆米花袋、水、食品和特氟龙中检测到PFOA。PFOA的无意形成是由于城市固体废物焚烧的含氟聚合物焚烧不充分,焚烧不当或在中等温度下露天焚烧
29	全氟己烷磺酸(PFH$_x$S)、其盐类和PFH$_x$S相关化合物	生产	无
		使用	FH$_x$S、其盐类和PFH$_x$S相关化合物至少以下应用中被有意使用:用于消防的水性成膜泡沫(AFFF);金属镀层;纺织品、皮革和室内装潢;抛光剂和清洗剂;涂层、浸渍/打样(用于防潮、防霉等);电子和半导体制造领域。此外,其他潜在用途类别可能包括石油工业中的杀虫剂、阻燃剂、纸张和包装以及液压油。PFH$_x$S及其盐类和PFH$_x$S相关化合物已用于某些基于全氟烷基和多氟烷基物质(PFAS)的消费品中。PFH$_x$S是在其他一些PFSA的电化学氟化(ECF)过程中无意中产生的。在许多应用中,PFH$_x$S已被用作全氟辛烷磺酸(PFOS)的替代品
30	紫外线-328	生产、使用	无

附表 2 《斯德哥尔摩公约》附件 B(限制)

序号	化学品	活动	可接受用途或特定豁免
1	滴滴涕	生产	(1)可接受用途:根据《斯德哥尔摩公约》附件第二部分用于病媒控制。 (2)特定豁免:三氯杀螨醇生产中的中间体
		使用	(1)可接受用途:根据本附件第二部分用于病媒控制。 (2)特定豁免:三氯杀螨醇生产中的中间体
2	全氟辛基磺酸及其盐类和全氟辛基磺酰氯	生产	(1)可接受用途:根据《斯德哥尔摩公约》附件第三部分,生产专用于以下用途《同该物质的使用活动》的其他化学品。 (2)特定豁免:限于登记簿所列缔约方被允许的豁免
		使用	(1)可接受用途:根据《斯德哥尔摩公约》附件第三部分用于下列可接受用途,或在生产下列可接受用途的化学品的过程中用作中间体:照片成像、半导体器件的光阻剂和防反射涂层、化合物半导体和陶瓷滤芯的刻蚀剂、航空液压油、只用于闭环系统的金属电镀(硬金属电镀)、某些医疗设备[比如乙烯四氟乙烯共聚物(ETFE)层和无线电屏蔽 ETFE 的生产,体外诊断医疗设备和 CCD 滤色仪]、灭火泡沫、用于控制切叶蚁(美叶切蚁属和刺切蚁属)的昆虫毒饵。 (2)特定豁免:用于特定用途,或在生产下列可接受用途的化学品过程中用作中间体:[半导体和液晶显示器(LCD)行业所用的光掩膜、金属电镀(硬金属电镀)金属电镀(装饰电镀)、某些彩色打印机和彩色复印机的电子和电器元件];用于控制红火蚁和白蚁的杀虫剂、化学采油、地毯、皮革和服装、纺织品和室内装饰、纸和包装、涂料和涂料添加剂、橡胶和塑料

附表 3 《斯德哥尔摩公约》附件 C(无意地生产)

化学品	六氯代苯(HCB)(化学文摘号:118-74-1) 六氯丁二烯(化学文摘号:87-68-3) 五氯苯(PeCB)(化学文摘号:608-93-5) 多氯联苯(PCB) 多氯二苯并对二噁英和多氯二苯并呋喃(PCDD/PCDF) 多氯萘,包括二氯萘、三氯萘、四氯萘、五氯萘、六氯萘、七氯萘、八氯萘

附表 4 ODS 受控物质清单

名称	编	号	名称	编	号
CFC	CFC-11	75-69-4	HCFC	HCFC-124	2837-89-0
	CFC-12	75-71-8		HCFC-131	359-28-4
	CFC-13	75-72-9		HCFC-132	431-06-1
	CFC-111	354-56-3		HCFC-133	431-07-2
	CFC-112	1976-11-9		HCFC-141	—
	CFC-112	76-12-0		HCFC-141b	1717-00-6
	CFC-113	354-58-5		HCFC-142	—
	CFC-113	76-13-1		HCFC-142b	75-68-3
	CFC-114	374-07-2		HCFC-151	—
	CFC-114	76-14-2		HCFC-221	422-26-4
	CFC-115	76-15-3		HCFC-225ca	422-56-0
	CFC-211	422-78-6		HCFC-225cb	507-55-1
	CFC-212	661-96-1		HCFC-226	431-87-8
	CFC-213	1652-89-7		HCFC-231	421-94-3
	CFC-214	677-68-9		HCFC-232	460-89-9
	CFC-215	1599-41-3		HCFC-233	7125-84-0
	CFC-215	76-17-5		HCFC-234	425-94-5
	CFC-216	661-97-2		HCFC-235	460-92-4
	CFC-216	1652-80-8		HCFC-241	666-27-3
	CFC-217	422-86-6		HCFC-242	460-63-9
HCFC	HCFC-21	75-43-4		HCFC-243	338-75-0
	HCFC-22	75-45-6		HCFC-244	679-85-6
	HCFC-31	593-70-4		HCFC-251	421-41-0
	HCFC-121	354-14-3		HCFC-252	819-00-1
	HCFC-122	354-21-2		HCFC-253	460-35-5
	HCFC-123	306-83-2		HCFC-261	7799-56-6

续上表

名称	编号		名称	编号	
HCFC	HCFC-222	422-30-0	HBFC	$C_3HF_5Br_2$	—
	HCFC-223	422-52-6		C_3HF_6Br	—
	HCFC-224	422-54-8		$C_3H_2FBr_5$	—
	HCFC-225	135151-96-1		$C_3H_2F_2Br_4$	—
	HCFC-261	420-97-3		$C_3H_2FBr_3$	—
	HCFC-262	102738-79-4		$C_3H_2F_4Br_2$	—
	HCFC-262	420-99-5		$C_3H_2F_5Br$	—
	HCFC-271	430-55-7		$C_3H_3FBr_4$	—
HBFC	$CHFBr_2$	1868-53-7		$C_3H_3F_2Br_3$	—
	CHF_2Br	1511-62-2		$C_3H_3F_3Br_2$	—
	CH_2FBr	373-52-4		$C_3H_3F_4Br$	—
	C_2HFBr_4	—		$C_3H_4FBr_3$	—
	$C_2HF_2Br_3$	—		$C_3H_4F_2Br_2$	—
	$C_2HF_3Br_2$	354-04-1		$C_3H_4F_3Br$	—
	C_2HF_4Br	—		$C_3H_5FBr_2$	—
	$C_2H_2FBr_3$	—		$C_3H_5F_2Br$	—
	$C_2H_2F_2Br_2$	75-82-1		C_3H_6FBr	—
	$C_2H_2F_3Br$	421-06-7	Halon	Halon 1301	75-63-8
	$C_2H_3FBr_2$	—		Halon 2402	124-73-2
	$C_2H_3F_2Br$	359-07-9		溴氯甲烷	74-97-5
	C_2H_4FBr	762-49-2		Halon 1211	353-59-3
	C_3HFBr_6	—	其他	四氯化碳	56-23-5
	$C_3HF_2Br_5$	—		—	—
	C_3HFBr_4	—		溴氯甲烷	74-83-9
	$C_3HF_4Br_3$	—		甲基氯仿	71-55-6

附表 5　TB/T 3139—2021 机车车辆用非金属材料的禁用/限用物质要求及检测方法

机车车辆用非金属材料的禁用物质要求及检测方法

序号	物质名称	CAS No.	范围	要求	检测方法
1	石棉	多种	全部	不应使用	GB/T 23263《制品中石棉含量测定方法》
2	氯氟碳（CFC）	多种	溶剂、气溶胶、制冷剂、发泡材料	不应使用	附录 D
3	全溴氟烃（Halon）	多种	溶剂、气溶胶、制冷剂、发泡材料	不应使用	附录 D
4	氟氯烃（HCFC）	多种	溶剂、气溶胶、制冷剂、发泡材料	不应使用	附录 D
5	氢氟碳化物（HFC）	多种	发泡材料	不应使用	附录 D
6	全氟碳化物（PFC）	多种	发泡材料	不应使用	附录 D
7	六氟化硫（SF_6）	2551-62-4	溶剂	不应使用	附录 D
8	四氯乙烯	127-18-4	木制品	不应使用	5.3.2.3
9	砷及其化合物（以砷元素总量计）	多种	全部	不应使用	GB/T 26125《电子电气产品六种限用物质（铅、汞、镉、六价铬、多溴联苯和多溴二苯醚）的测定》
10	铍及其化合物（以铍元素总量计）	多种	全部	不应使用	GB/T 26125《电子电气产品六种限用物质（铅、汞、镉、六价铬、多溴联苯和多溴二苯醚）的测定》
11	钴及其化合物（以钴元素总量计）	多种	全部	不应使用	GB/T 26125《电子电气产品六种限用物质（铅、汞、镉、六价铬、多溴联苯和多溴二苯醚）的测定》
12	镉及其化合物（以镉元素总量计）	多种	全部（同种产品不同颜色需分别测试）	≤100 mg/kg	GB/T 26125《电子电气产品六种限用物质（铅、汞、镉、六价铬、多溴联苯和多溴二苯醚）的测定》
13	铅及其化合物（以铅元素总量计）	多种	涂料（同种产品不同颜色需分别测试）	不应使用	GB/T 26125
14	汞及其化合物（以汞元素总量计）	多种	木制品	不应使用	GB/T 26125

续上表

序号	物质名称	CAS No.	范围	要求	检测方法
15	六价铬化合物(以六价铬总量计)	多种	皮革	≤3 mg/kg	5.3.2.5
16	4-硝基联苯	92-93-3	全部	不应使用	附录 E
17	2-萘胺	91-59-8	全部(同种产品不同颜色需分别测试)	不应使用	5.3.2.7
18	对二氨基联苯	92-87-5			
19	4-氨基联苯	92-67-1			
20	单甲基三溴二苯甲烷	99688-47-8	全部	不应使用	附录 F
21	单甲基二氯二苯甲烷(Ugilec 121 或 21)	81161-70-8			
22	单甲基四氯二苯甲烷(Ugilec 141)	76253-60-6			
23	壬基苯酚(NP)	25154-52-3 /84852-15-3	纺织品、皮革、清洁剂	≤1 000 mg/kg	GB/T 23322《纺织品 表面活性剂 烷基酚和烷基酚聚氧乙烯醚》的测定
24	壬基酚聚氧乙烯醚(NPEO)	9016-45-9			
25	多溴二苯醚(PBDE)	多种	全部	五溴二苯醚≤1 000 mg/kg。八溴二苯醚不应使用	GB/T 26125
26	五氯苯酚及其盐类和酯化(PCP)	多种	全部	≤1 000 mg/kg	GB/T 18414.1《纺织品 含氯苯酚的测定 第1部分:气相色谱一质谱法》
27	多氯三联苯(PCT)	多种	全部	≤50 mg/kg	5.3.2.11

续上表

序号	物质名称	CAS No.	范围	要求	检测方法
28	短链氯化石蜡（SCCP）	85535-84-8	全部	≤1 000 mg/kg	GB/T 33345《电子电气产品中短链氯化石蜡的测定 气相色谱-质谱法》
29	多溴联苯（PBB）	多种	纺织品	不应使用	GB/T 26125
30	三(2,3-二溴丙基)磷酸	126-72-7	纺织品	不应使用	附录 G
31	三叩啶基氧化磷	545-55-1	纺织品	不应使用	
32	卤素	多种	电器件	Cl≤900 mg/kg；Br≤900 mg/kg；Cl+Br≤1 500 mg/kg	GB/T 34692《热塑性弹性体 卤素含量的测定 氧弹燃烧-离子色谱法》

机车车辆用非金属材料的限用物质要求及检测方法

序号	物质名称	CAS No.	范围	要求	检测方法
1	铅及其化合物（以铅元素总量计）	多种	全部（不包含涂料，不同颜色同种产品需分别测试）	≤1 000 mg/kg	GB/T 26125
2	汞及其化合物（以汞元素总量计）	多种	全部（不包含木制品）	≤1 000 mg/kg	GB/T 26125
3	六价铬化合物（以六价铬总量计）	多种	全部（不包含皮革）	≤1 000 mg/kg	5.3.2.5
4	多溴联苯（PBB）	多种	全部（不包含纺织品）	≤1 000 mg/kg	GB/T 26125
5	多溴二苯醚（PBDE）（不包含五溴二苯醚及八溴二苯醚）	多种	全部	≤1 000 mg/kg	GB/T 26125

附　表　　　151

续上表

序号	物质名称	CAS No.	范围	要求	检测方法
6	人造矿物纤维(MMMF)	—	全部	每种含量≤1 000 mg/kg	附录 H
7	滑石(Talcum)	14807-96-6	全部	≤1 000 mg/kg	附录 I
8	锑及其化合物(以锑元素总量计)	多种	全部	≤1 000 mg/kg	5.3.2.3
9	镍	7440-02-0	金属涂层	镍释放≤0.5 μg/(cm²·周)	GB/T 19719《首饰 镍释放量的测定 光谱法》
10	中链氯化石蜡(MCCP)	85535-85-9	全部	≤1 000 mg/kg	附录 J
11	二苯基甲烷二异氰酸酯(MDI)	多种	全部	≤1 000 mg/kg	5.3.2.19
12	甲苯	108-88-3	胶粘剂、涂料	≤1 000 mg/kg	5.3.2.20
13	多环芳烃	多种	全部	≤500 mg/kg	5.3.2.21
14	有机锡化合物	多种	全部	单种≤1 000 mg/kg	GB/T 35492《胶乳制品中有机锡含量的测定 气相色谱－质谱法》
15	磷酸三苯酯(TPP)	115-86-6	全部	≤1 000 mg/kg	附录 G
16	邻苯二甲酸二甲酸丁苄(BBP)	85-68-7	全部	单种≤1 000 mg/kg	附录 K
17	邻苯二甲酸二丁酯(DBP)	84-74-2	全部		
18	邻苯二甲酸二(2-乙基己基)酯(DEHP)	117-81-7	全部		
19	邻苯二甲酸二异丁酯(DIBP)	84-69-5	全部		

续上表

序号	物质名称		CAS No.	范围	要求	检测方法
20	邻苯二甲酸酯类	邻苯二甲酸二异壬酯(DINP)	28553-12-0	全部	单种≤1 000 mg/kg	附录 K
21		邻苯二甲酸二异癸酯(DIDP)	26761-40-0	全部		
22		邻苯二甲酸二辛酯(DNOP)	117-84-0	全部		
23		邻苯二甲酸二甲酯(DMP)	131-11-3	全部		
24	福美双(TMTD)		137-26-8	全部	≤1 000 mg/kg	5.3.2.24
25	多氯联苯(PCB)		多种	全部	≤50 mg/kg	GB/T 32887《电子电气产品中多氯联苯的测定 气相色谱-质谱法》
26	三氯苯(TCB)		120-82-1	全部	≤1 000 mg/kg	GB/T 20384《纺织品 氯化苯和氯化甲苯类化合物的测定》

附表 6 Q/CNR J 00011—2014 禁限用管控要求

序号	化合物名称	限制范围	管控要求
1	石棉	未明确指出	禁用
2	壬基苯酚	未明确指出	禁用
3	4-硝基联苯	未明确指出	禁用
4	芳族胺及其盐类:2-萘胺,对二氨基联苯,4-氨基联苯	未明确指出	禁用
5	多氯三联苯(PCT)	未明确指出	禁用
6	多氯联苯[PCB(单氯化联苯和二氯化联苯除外)]	未明确指出	禁用
7	卤代苄基甲苯:单甲基二溴二苯基甲烷,单甲基二氯二苯甲烷,单甲基四氯二苯甲烷	未明确指出	禁用
8	四氯化碳	未明确指出	禁用
9	1,1,1-三氯乙烷(甲基氯仿,TCA)	未明确指出	禁用
10	氯二氟甲烷(制冷剂 R22)	未明确指出	禁用
11	壬基酚聚氧乙烯醚	未明确指出	禁用
12	八溴二苯醚	未明确指出	禁用
13	五溴二苯醚	未明确指出	禁用
14	全溴氟烃(Halon)	未明确指出	禁用
15	氟氯烃(HCFC)	未明确指出	禁用
16	氯氟碳(CFC)	未明确指出	禁用
17	短链氯化石蜡(SCCP)	未明确指出	禁用
18	镉及其化合物	塑料及涂料(颜料或稳定剂)表面涂饰(欧盟),不可回收电池	禁用
19	铅及其化合物	涂料(碳酸铅和硫酸铅),不可回收电池	禁用
20	汞及其化合物	电池及蓄电池,木材防腐,纺织品浸渍处理,防污涂料,水处理	禁用

续上表

序号	化合物名称	限制范围	管控要求
21	砷及其化合物	木材防腐（非CCA4类型），防污涂料，水处理	禁用
22	多溴联苯(PBB)	纺织品、电子电器设备	禁用
23	偶氮着色剂	纺织品	禁用
24	镍	表面涂饰；尤其当存在与皮肤接触的危险时	限用
25	六价铬化物	全部严格限用；尤其当存在与皮肤接触的危险时	限用
26	铍及其化合物	全部严格限用	限用
27	三氧化锑	全部严格限用	限用
28	氯化钴	严格使用	限用
29	有机锡化合物	全部严格限用	限用
30	甲醛	全部严格限用	限用
31	氟化温室气体、氢氟碳化物（HFC）、全氟碳化物（PFC）、六氟化硫(SF_6)	全部严格限用	限用
32	卤族元素：氟、氯、溴、碘	全部严格限用	限用
33	甲苯	黏合剂	限用
34	甲苯二异氰酸酯(TDT)	限用	限用
35	三氯苯	全部严格限用	限用
36	邻苯二甲酸酯类，尤其是：邻苯二甲酸丁苄酯(BBP)、邻苯二甲酸二丁酯(DBP)、邻苯二甲酸二(2-乙基己基)酯(DEHP)、邻苯二甲酸二异壬酯(DINP)、邻苯二甲酸二异癸酯(DIDP)、邻苯二甲酸二辛酯(DNOP)、邻苯二甲酸二异丁酯邻苯二甲酸二甲酯	严格限用；特别是内部的塑料零件	限用
37	4-苯基环己烯	限用	限用
38	苯乙烯	限用	限用

续上表

序号	化合物名称	限制范围	管控要求
39	十溴二苯醚	严格限用	限用
40	磷酸三苯酯	全部严格限用	限用
41	三(2,3-二溴丙基)磷酸酯	接触皮肤的纺织品	限用
42	三吖啶基氧化磷	接触皮肤的纺织品	限用
43	聚氯乙烯(PVC)	全部严格限用	限用
44	四氯乙烯	全部严格限用	限用
45	异氰酸盐类	全部严格限用；尤其是未经过处理的	限用
46	全氟辛烷磺酸盐(PFOS)	油漆添加剂、黏合剂	限用
47	中链氯化石蜡(MCCP)	全部严格限用	限用
48	人造矿物纤维(MMMF)	被归类为致癌物的人造矿物纤维	限用
49	多环芳烃(PAH)	全部严格限用	限用
50	挥发性有机综合物(VOC)	全部严格限用；考虑排放限度值	限用
51	福美双(TMTD)	全部严格限用	限用
52	滑石(Talcum)	严格限用粉末形状	限用

附表7 中车豁免要求

物质	豁免项目
铅	加工用的钢中合金元素中的铅及镀锌钢材中的铅含量≤0.35%(w/w)
	铝合金中铅含量≤0.4%(w/w)
	铜合金中的铅含量≤4%(w/w)
	蓄电池
	电路板及其他电气部件用焊料

续上表

物质	豁免项目
铅	高温熔化的焊料中的铅(即:锡铅焊料合金中铅含量超过85%)
	插脚式连接器系统中的铅
	集成电路倒装芯片封装中半导体芯片及载体之间形成可靠连接所用焊料中的铅
	钎焊、夹层玻璃的焊料中的铅
	用于服务器,存储器和存储系统中的铅,用于交换、信号和传输,以及电信网络管理的网络基础设施设备中焊料中的铅
	除了在陶瓷介质的电容外,其他电子电气元器件中陶瓷或者玻璃中的铅,例如压电陶瓷器件、玻璃或陶瓷基的复合材料
	标称电压不低于 AC 125 V 或 DC 250 V 的陶瓷介质电容器中的铅
	电气和电子元件中的玻璃或陶瓷、玻璃或陶瓷混合物、玻璃陶瓷材料或玻璃陶瓷基材混合物中的铅
	电容器作为集成电路或者离散半导体的一部分,其内部绝缘陶瓷材质中压电陶瓷中的铅
	含冷凝剂压缩机(用于供暖、通风、空调和制冷-HVACR)轴承外壳与衬套中的铅
	通孔盘状及平面阵列陶瓷多层电容器焊料所含的铅
	表面传导式电子发射显示器(SED)的构件,特别是熔接密封和环状玻璃所用的氧化铅
	电力变压器中直径 100 μm 及以下细铜线所用焊料中的铅
	金属陶瓷质的微调电位器中的铅
	以硼酸锌玻璃体为基体的高压二极管的电镀层的铅
镉	电触点中镉及其化合物
	声压在 100 分贝以上的大功率扬声器中变频器直接连到受话器上作为电气/机械焊接的镉合金焊料
	用氧化铍连接铝制成的厚膜浆料中镉和氧化镉
汞	前照灯用放电灯
	仪表板显示器荧光管

附表8 中车禁限用物质管控要求

序号	化合物名称	限制范围	限值/(mg·kg^{-1})
禁用部分			
1	石棉	全部材料	禁止使用

续上表

序号	化合物名称	限制范围	限值/(mg·kg^{-1})
禁用部分			
2	铅及其化合物	全部材料	≤1 000
3	镉及其化合物	全部材料	≤100
4	汞及其化合物	全部材料	≤1 000
5	六价铬化物	全部材料	≤1 000
6	PBB-多溴联苯	全部材料	≤1 000
7	PBDE-多溴联苯醚	全部材料	≤1 000
8	4-硝基联苯	纺织品、皮革、橡胶	≤1 000
9	芳族胺及其盐类:2-萘胺,对二氨基联苯,4-氨基联苯	橡胶、纺织品、皮革	橡胶≤1 000。纺织品、皮革≤30
10	CFC—氯氟碳	全部材料	禁止使用
11	卤代苄基甲苯:单甲基二溴二苯基甲烷,单甲基二氯二苯甲烷,单甲基四氯二苯甲烷	全部材料	禁止使用
12	哈龙—全溴氟烃	全部材料	禁止使用
13	壬基苯酚	塑料、橡胶、纺织品、皮革	≤1 000
14	壬基酚聚氧乙烯醚	纺织品	≤1 000
15	五氯苯酚(PCP)	纺织品、皮革、纸张、木材	≤1 000
16	多氯三联苯(PCT)	塑料、油漆涂料	总值≤50
17	短链氯化石蜡(SCCP)	全部材料	≤1 000
18	卤族元素:氯、溴	电气件	Cl+Br<1500。Cl,Br 分别<900
限用部分			
1	氟氯烃(HCFC)	全部材料	禁止使用
2	砷及其化合物	全部材料	木材、油漆涂料禁止使用。其他:≤1 000
3	多氯联苯(PCB)	全部材料	总值≤50

续上表

序号	化合物名称	限制范围	限值/(mg·kg^{-1})
限用部分			
4	氟化温室气体氢氟碳化物(HFC)、全氟碳化物(PFC)、六氟化硫(SF$_6$)	全部材料	禁止使用
5	甲醛	依据 TB/T 3139	依据 TB/T 3139
6	二苯基甲烷二异氰酸酯(MDI)	油漆涂料、胶粘剂	≤1 000
7	挥发性有机综合物	按 TB/T 3139	按 TB/T 3139
8	甲苯	按 TB/T 3139	按 TB/T 3139
9	三氯苯	溶剂、木材	≤1 000
10	三氧化锑	全部材料	≤1 000
11	铍及其化合物	全部材料	禁止使用
12	氯化钴	全部材料	≤1 000
13	人造矿物纤维(氧化锆硅酸铝耐火陶瓷纤维、硅酸铝耐陶瓷纤维)	全部材料	硅酸铝耐火陶瓷纤维：≤1 000 氧化锆硅酸铝耐火陶瓷纤维：≤1 000
14	中链氯化石蜡(MCCP)	全部材料	≤1 000
15	镍	与皮肤直接及长期接触的金属或金属镀层	与皮肤接触，镍释放≤0.5 $\mu g/(cm^2 \cdot 周)$
16	四氯乙烯	溶剂	禁止使用
17	邻苯二甲酸酯类：邻苯二甲酸丁苄酯(BBP)、邻苯二甲酸二丁酯(DBP)、邻苯二甲酸二(2-乙基己基)酯(DEHP)、邻苯二甲酸二异丁酯(DIBP)、邻苯二甲酸二异壬酯(DINP)、邻苯二甲酸二异癸酯(DIDP)、邻苯二甲酸二辛酯(DNOP)、邻苯二甲酸二甲酯(DMP)	全部材料	单个≤1 000
18	多环芳烃(PAH)	全部材料	单个分别≤1.0。总和≤10
19	聚氯乙烯(PVC)	PVC 材料	无限值要求
20	滑石(Talcum)	粉末状滑石	无限值要求

续上表

序号	化合物名称	限制范围	限值/(mg·kg^{-1})
限用部分			
21	福美双(TMTD)	木材、橡胶	禁止使用
22	有机锡化合物:如三丁基锡、三苯基锡、二丁基锡、二辛基锡	全部材料	单个≤1 000
23	磷酸三苯酯	全部材料	单个≤1 000
24	三(2,3-二溴丙基)磷酸酯	纺织品	禁止使用
25	三吖啶基氧化磷	纺织品	禁止使用

附表9 长客禁限用物质管控要求

序号	化合物名称	限制范围	限值/(mg·kg^{-1})
禁用部分			
1	石棉	—	禁止使用
2	铅及其化合物	涂料(碳酸铅和硫酸铅),不可回收电池	≤1 000
3	镉及其化合物	塑料及涂料(颜料或稳定剂)表面涂饰(欧盟),不可回收电池	≤100
4	汞及其化合物	电池及蓄电池木材防腐,纺织品浸渍处理,防污涂料,水处理	≤1 000
5	六价铬化物	全部严格限用;尤其当存在与皮肤接触的危险时	≤1 000
6	多溴联苯(PBB)	纺织品、电子电器设备	≤1 000
7	多溴联苯醚(PBDE)		≤1 000
8	邻苯二甲酸酯类:邻苯二甲酸丁苄酯(BBP)、邻苯二甲酸二丁酯(DBP)、邻苯二甲酸二(2-乙基己基)酯(DEHP)、邻苯二甲酸二异丁酯(DIBP)	严格限用;特别是内部的塑料零件	单个≤1 000
9	4-硝基联苯	纺织品、皮革、橡胶	≤1 000
10	芳族胺及其盐类:2-萘胺,对二氨基联苯,4-氨基联苯	橡胶	≤1 000

续上表

序号	化合物名称	限制范围	限值/(mg·kg^{-1})
禁用部分			
11	可分解致癌芳香胺染料(偶氮染料)	纺织品、皮革	单个≤30
12	消耗臭氧层物质包括:氯氟化碳(CFC)、全溴氟烃(Halon)、含氢氯氟烃(HCFC)、氢氟碳化合物(HFC)、全氟碳化合物(PFC)、含氢溴氟烃(HBFC)、六氟化硫(SF$_6$)、四氯化碳(CTC)、甲基氯仿(1,1,1-三氯乙烷)、溴氯甲烷、甲基溴	全部材料	禁止使用
13	卤代苄基甲苯:单甲基二溴二苯基甲烷、单甲基二苯基甲烷、单甲基四氯二苯甲烷	全部材料	禁止使用
14	壬基苯酚	塑料、橡胶、纺织品、皮革	≤1 000
15	壬基酚聚氧乙烯醚	纺织品	≤1 000
16	五氯苯酚(PCP)	纺织品、皮革、纸张、木材	≤1 000
17	PCT 多氯三联苯	塑料、油漆涂料、变压器油、液压油	总值≤50
18	短链氯化石蜡(SCCP)	全部材料	≤1 000
19	卤族元素:氯、溴	电气件	Cl+Br<1 500 Cl,Br 分别<900
20	砷及其化合物	木材、油漆涂料	禁止使用
21	铍及其化合物	全部材料	禁止使用
22	三(2,3-二溴丙基)磷酸酯	纺织品	禁止使用
23	三吖啶基氧化磷	纺织品	禁止使用
限用部分			
1	砷及其化合物	全部材料(木材、油漆涂料除外)	≤1 000

续上表

序号	化合物名称	限制范围	限值/(mg·kg^{-1})
限用部分			
2	多氯联苯(PCB)	全部材料	总值≤50
3	二苯基甲烷二异氰酸酯(MDI)	油漆涂料、胶黏剂	≤1 000
4	甲苯	油漆涂料、胶黏剂	≤1 000
5	三氯苯	溶剂、木材	≤1 000
6	三氧化锑	全部材料	≤1 000
7	氯化钴	全部材料	≤1 000
8	人造矿物纤维(氧化锆硅酸铝耐火陶瓷纤维、硅酸铝耐火陶瓷纤维)	全部材料	硅酸铝耐火陶瓷纤维:≤1 000。氧化锆硅酸铝耐火陶瓷纤维:≤1 000
9	中链氯化石蜡(MCCP)	全部材料	≤1 000
10	镍	与皮肤直接及长期接触的金属或金属镀层	与皮肤接触,镍释放≤0.5 μg/(cm^2·周)
11	四氯乙烯	溶剂	禁止使用
12	邻苯二甲酸酯类:邻苯二甲酸二异壬酯(DINP)、邻苯二甲酸二异癸酯(DIDP)、邻苯二甲酸二辛酯(DNOP)、邻苯二甲酸二甲酯	全部材料	单个≤1 000
13	多环芳烃(PAH)	全部材料	单个分别≤1.0。总和≤10
14	聚氯乙烯(PVC)	PVC材料	无限值要求
15	滑石(Talcum)	粉末状滑石	无限值要求
16	福美双(TMTD)	木材、橡胶	禁止使用
17	有机锡化合物:如三丁基锡、三苯基锡、二丁基锡、二辛基锡	全部材料	单个≤1 000
18	磷酸三苯酯	全部材料	单个≤1 000

附表10 中车J26与铁总50号文管控指标要求

序号	化合物名称	中车J26				铁总50号文		
		禁用限用	限制范围	限值/(mg·kg^{-1})	检测执行方法	禁用限用	限制范围	限值/(mg·kg^{-1})
1	石棉	禁用	全部材料	不得检出	GB/T 23263—2009	禁用	全部材料	不得检出
2	铅及其化合物	禁用	全部材料	1 000		限用	全部材料	电池:40。可接触表面涂层 90。可接触表面基材 100。其他:1 000
3	镉及其化合物	禁用	全部材料	100	GB/T 26125—2011	限用	全部材料	电池:20。其他:100
4	汞及其化合物	禁用	全部材料	1 000		限用	全部材料	电池:5。物质/混合物:不得检出。其他:1 000
5	六价铬化合物	禁用	全部材料	1 000		限用	全部材料	皮革:3。其他:1 000
6	多溴联苯(PBB)	禁用	全部材料	1 000		限用	全部材料	1 000
7	多溴联苯醚(PBDE)	禁用	全部材料	1 000		禁用:八溴二苯醚和五溴二苯醚 限用:十溴二苯醚	全部材料	不得检出 1 000

续上表

序号	化合物名称	中车126				铁总50号文		
		禁用限用	限制范围	限值/(mg·kg⁻¹)	检测执行方法	禁用限用	限制范围	限值/(mg·kg⁻¹)
8	4-硝基联苯	禁用	纺织品、皮革、橡胶	1 000	EPA 3550C《超声萃取法》、EPA 8270D《气相色谱质谱法分析半挥发性有机物》	禁用	全部材料	不得检出
9	芳烃胺及其盐类	禁用	橡胶、纺织品、皮革	橡胶1 000、纺织品、皮革30	(1)纺织品:GB/T 17592—2011《纺织品 禁用偶氮染料的测定》、GB/T 23344—2009《纺织品 4-氨基偶氮苯的测定》、EN 14362-1:2012《纺织品 偶氮染料分解芳香胺的测定 第1部分 纺织品中可萃取或不可萃取偶氮染料的测定》、EN 14362-3:2012《纺织品 源于偶氮着色剂的某些芳香胺的测定方法 某些偶氮苯可能释放4-氨基偶氮苯的偶氮着色剂使用检测》。(2)皮革:GB/T 19942—2005《皮革和毛皮 化学试验禁用偶氮染料的测定》、ISO 17234-2《皮革 测定染色皮革中某些偶氮染料的化学试	禁用	全部材料	不得检出

续上表

序号	化合物名称	中车J26				铁总50号文		
		禁用限用	限制范围	限值/(mg·kg⁻¹)	检测执行方法	禁用限用	限制范围	限值/(mg·kg⁻¹)
9	芳香胺及其盐类	禁用	橡胶、纺织品、皮革	橡胶1 000，纺织品、皮革30	验 第2部分:4-氨基偶氮苯的测定》ISO 17234-1《皮革化学测试染色皮革中特定偶氮染料测试 第1部分:释放特定芳香胺的偶氮染料的测试》。(3)其他:EPA 3550C；2007，EPA 8270D；2014	禁用	全部材料	不得检出
10	氯氟碳(CFC)	禁用	全部材料	不得检出	EPA 5021《土壤和固体材料中VOC的顶空进样分析方法》,EPA 8260C《挥发性有机物气相色谱质谱联用分析方法》	禁用	全部材料	不得检出
11	卤代苯基甲苯	禁用	全部材料	不得检出	EPA 3550C，EPA 8270D	禁用	全部材料	不得检出
12	全溴氟烃(Halon)	禁用	全部材料	不得检出	EPA 5021A，EPA 8260C	禁用	全部材料	不得检出
13	壬基苯酚	禁用	塑料、橡胶、纺织品、皮革	1 000	GB/T 33285—2016《皮革和毛皮化学试验 壬基酚及壬基酚聚氧乙烯醚含量的测定》，EPA 3550C，EPA 8270D	禁用	全部材料	不得检出

续上表

序号	化合物名称	中车 J26 禁用限用	中车 J26 限制范围	中车 J26 限值/(mg·kg^{-1})	中车 J26 检测执行方法	铁总 50 号文 禁用限用	铁总 50 号文 限制范围	铁总 50 号文 限值/(mg·kg^{-1})
14	壬基酚聚氧乙烯醚	禁用	纺织品	1 000	GB/T 33285—2016。EPA 3550C,EPA 8321B《溶剂萃取非挥发性化合物 高效液相色谱/质谱/紫外检测》	禁用	全部材料	不得检出
15	五氯苯酚	禁用	纺织品、皮革、纸张、木材	1 000	(1)纺织品 GB/T 18414.1—2006。(2)皮革 GB/T 22808—2008《皮革和毛皮化学试验五氯苯酚含量的测定》,ISO 17070《皮革化学测试五氯苯酚含量的测定》	禁用	全部材料	不得检出
16	多氯三联苯(PCT)	禁用	塑料、油漆、涂料	总值 50	EPA 3550C,EPA 8270D	禁用	全部材料	不得检出
17	短链氯化石蜡	禁用	全部材料	1 000	EPA 3550C,EPA 8270D 皮革:ISO 18219-1:2021《皮革 确定皮革中的氯化碳氢化合物 第 1 部分:短链氯化石蜡(SCCPs)的色谱法》	禁用	全部材料	不得检出

续上表

序号	化合物名称	中车 J26				铁总 50 号文		
		禁用限用	限制范围	限值/(mg·kg^{-1})	检测执行方法	禁用限用	限制范围	限值/(mg·kg^{-1})
18	卤族元素:氯、溴	禁用	电气件	Cl+Br<1500。Cl,Br 分别<900	EN 14582《废弃物特性描述 卤素和硫含量 密闭系统内氧气燃烧法和测定方法》	禁用	全部材料	非电线电缆、非电路板、非电子元器件：限值同 J26。其他材料：不定义限值
19	氟氯烃(HCFC)	限用	全部材料	不得检出	EPA 5021A&8260C	限用	全部材料	不得检出
20	砷及其化合物	限用	全部材料	木材,油漆涂料:禁止使用 其他:1 000	EPA 3052《微波辅助酸消解法》	限用	全部材料	木材,物质,混合物：不得检出。其他:1 000
21	多氯联苯	限用	全部材料	总值 50	EPA 3550C, EPA 8270D, EPA 8082A《气相色谱法测定多氯联苯》	限用	全部材料	50
22	氢氟碳化物(HFC)、全氟碳化物(PFC)六氟化硫(SF$_6$)	限用	全部材料	不得检出	EPA 5021A、EPA 8260C	限用	全部材料	不得检出
23	甲醛	限用	依据 TB/T 3139	依据 TB/T 3139	依据 TB/T 3139	限用	全部材料	塑料、橡胶、皮革:75。其他依据 TB/T 3139

续上表

序号	化合物名称	中车 J26 禁用限用	中车 J26 限制范围	中车 J26 限值/(mg·kg^{-1})	中车 J26 检测执行方法	铁总 50 号文 禁用限用	铁总 50 号文 限制范围	铁总 50 号文 限值/(mg·kg^{-1})
24	二苯基甲烷二异氰酸酯	限用	油漆涂料、胶粘剂	1 000	GB/T 13941—2015《二苯基甲烷二异氰酸酯》，EAP3550C&8270D	限用	全部材料	1 000
25	挥发性有机综合物	限用	按 TB/T 3139—2006 执行	按 TB/T 3139—2006 执行	按 TB/T 3139—2006 执行	限用	全部材料	按 TB/T 3139—2006 执行
26	甲苯	限用	按 TB/T 3139—2006 执行	按 TB/T 3139—2006 执行	按 TB/T 3139—2006 执行	限用	全部材料	1 000
27	三氯苯	限用	溶剂、木材	1 000	DIN 54232《纺织品.苯于氯苯和氯甲苯的粘合剂含量测定》	限用	全部材料	1 000
28	三氧化锑	限用	全部材料	1 000	EPA 3052	限用	全部材料	1 000
29	铍及其化合物	限用	全部材料	不得检出	EPA 3052，EPA3050B《沉积物、污泥和土壤的酸消化法》	限用	全部材料	不得检出
30	氯化钴	限用	全部材料	1 000	EPA 3052	限用	全部材料	1 000
31	人造矿物纤维	限用	全部材料	1 000	EPA 3052	限用	全部材料	1 000
32	中链氯化石蜡	限用	全部材料	1 000	EPA 3550C，EPA 8270D，皮革 ISO18219	限用	全部材料	1 000

续上表

序号	化合物名称	中车J26				铁总50号文		
		禁用限用	限制范围	检测执行方法	限值/(mg·kg⁻¹)	禁用限用	限制范围	限值/(mg·kg⁻¹)
33	镍	限用	与皮肤直接及长期接触的金属镀层	EN 12472《模拟加速磨损和腐蚀的方法来检测有涂层物品的镍释放》、EN 1811《人体穿刺部位和与皮肤直接和长期接触的物品中镍释放的参考测试方法》	0.5 μg/(cm²·周)	限用	与皮肤接触的金属及镀层材料	0.5 μg/(cm²·周)
34	四氯乙烯	限用	溶剂	EPA 5021A,EPA 8260C	不得检出	限用	全部材料	不定义限值
35	邻苯二甲酸酯	限用	全部材料	纺织品:GB/T 20388《纺织品 邻苯二甲酸酯的测定 四氢呋喃法》、GB/T 30646—2014《涂料中邻苯二甲酸酯含量的测定 气相色谱-质谱联用法》、IEC 62321《关于电子电气产品中限用有害物质的测试方法》	单个	限用	全部材料	单个1 000
36	多环芳烃	限用	全部材料	GS认证中多环芳香烃(PAH)的限制要求	参照 AfPS GS 2014:01 PAK 第二类	限用	全部材料	参照 AfPS GS 2014:01 PAK 第二类
37	聚氯乙烯	限用	PVC材料	GB/T 6040《红外光谱分析方法通则》	无限值要求	限用	全部材料	不定义限值
38	滑石	限用	粉状滑石	—	无限值要求	限用	全部材料	不定义限值

续上表

序号	化合物名称	中车 J26				铁总 50 号文		
		禁用限用	限制范围	限值/(mg·kg^{-1})	检测执行方法	禁用限用	限制范围	限值/(mg·kg^{-1})
39	福美双	禁用限用	木材、橡胶	不得检出	EPA 3550C	限用	全部材料	不定义限值
40	有机锡化合物	限用	全部材料	单个 1 000	纺织品:ISO 16179《鞋类 鞋类和靴类部件中存在的限量物质 有机锡的测定》。其他:ISO 17353《水质 选定的有机化合物的测定 气体色谱法》	限用	全部材料	单个 1 000
41	磷酸三苯酯	限用	全部材料	单个 1 000	EAP 3550C,EAP 8270D	限用	全部材料	不定义限值
42	三(2,3-二溴丙基)磷酸酯	限用	纺织品	不得检出	GB/T 24279《纺织品 阻燃剂的测定》。EAP 3550C,EAP 8270D	限用	全部材料	纺织品:不得检出。其他:不定义限值
43	三吖啶基氧化磷	限用	纺织品	不得检出	GB/T 24279。EAP 3550C,EAP 8270D	限用	全部材料	纺织品:不得检出。其他:不定义限值
44	铅基油漆	—	—	—		禁用	油漆	不得检出

注:
1. 芳族胺及其盐类包括:2-萘胺,对二氨基联苯,4-氨基联苯。
2. 卤代苄基甲苯包括:单甲基二溴二苯基甲烷、单甲基二氯二苯甲烷、单甲基四氯二苯甲烷。
3. 人造矿物纤维(MMMF)包括:氧化锆硅酸铝耐火陶瓷纤维、硅酸铝耐火陶瓷纤维。
4. 邻苯二甲酸酯类包括:邻苯二甲酸二丁酯(BBP)、邻苯二甲酸二丁酯(DBP)、邻苯二甲酸二(2-乙基己基)酯(DEHP)、邻苯二甲酸二异丁酯(DIBP)、邻苯二甲酸二异壬酯(DINP)、邻苯二甲酸二异癸酯(DIDP)、邻苯二甲酸二辛酯(DNOP)、邻苯二甲酸二甲酯(DMP)。
5. 有机锡化合物包括:三取代有机锡[如三丁基锡(TBT)、三苯基锡(TPT)]、二丁基锡(DBT)、二辛基锡(DOT)。

参 考 文 献

[1] 楚敬杰,张世秋,徐小梅,等.《斯德哥尔摩公约》的实施进展及相关国际活动研究[J].安全与环境学报,2004,(增刊1):58-61.

[2] 周炳炎,黄翔,王琪,等.国外持久性有机污染物废物的环境无害化管理[J].化工环保,2006,26(5):429-432.

[3] 全国人民代表大会常务委员会关于批准《关于持久性有机污染物的斯德哥尔摩公约》的决定(2004年6月25日通过)[J].中华人民共和国国务院公报,2004(23):17.

[4] 高明俊.持久性有机污染物(POPs)国际法规制研究[D].福州:福州大学,2016.

[5] 王蕾.臭氧层保护国际法律制度研究:兼论我国对相关国际义务的履行[D].青岛:中国海洋大学,2010.

[6] 刘巍巍.河南省履行《蒙特利尔议定书》规划研究[D].郑州:郑州大学,2010.

[7] 冯卉,郭晓林.《关于消耗臭氧层物质的蒙特利尔议定书》30周年履约综述[J].聚氨酯工业,2017,32:1-3.

[8] 黄婧.《京都议定书》遵约机制研究[D].北京:中国政法大学,2009.

[9] 段晓男,曲建升,曾静静,等.《京都议定书》缔约国履约相关状况及其驱动因素初步分析[J].世界地理研究,2016,25(4):8-16.

[10] 慈晓慧.《巴黎协定》的特点与影响[D].青岛:青岛大学,2018.

[11] 钟源,李人哲,关玲玲.欧洲轨道交通车辆产品环保管控研究[J].中国铁路,2020(8):128-132.

[12] 吕达.消耗臭氧层物质(ODS)管理研究[J].环境科学与管理,2015,40(1):13-16.

[13] 谭伟.欧盟包装与包装废弃物指令述评[J].求索,2009(1):143-145.

[14] 滕海键.1976年美国《有毒物质控制法》的历史考察[J].贵州社会科学,2016(9):89-95.

[15] 叶旌,刘洪英,周荃.美国有毒物质控制法修订进展及对我国化学品环境管理的启示[J].科技管理研究,2019,39(6):222-228.

[16] 美国环保署就劳滕伯格化学品安全21世纪法案公布工作实施计划[J].中国洗涤用品工业,2016(9).

[17] 李政禹.国际化学品安全管理战略[M].北京:化学工业出版社,2006.

[18] 卢玲,刘洪英,杨琨,等.日本新化学物质管理政策对我国的借鉴与参考(上)[J].

现代化工,2018,38(1):1-5.
[19] 李仓敏,张丽丽,郑玉婷,等.日本化学品环境管理对我国的启示[J].现代化工,2019,39:1-4.
[20] 于丽娜,刘洪英,黄梅,等.澳大利亚工业化学品管理法规政策研究[J].环境与可持续发展,2018,43(2):91-95.
[21] 机车车辆内装材料及室内空气有害物质限量:TB/T 3139—2006[S].北京:中国铁道出版社,2006.
[22] 机车车辆非金属材料及室内空气有害物质限量:TB/T 3139—2021[S].北京:中国铁道出版社有限公司,2021.
[23] 室内空气质量标准:GB/T 18883—2022[S].北京:中国标准出版社,2022.
[24] 梁宝生,田仁生.总挥发性有机化合物(TVOC)室内空气质量评价标准的制订[J].三峡环境与生态,2003,25(5):1-3.
[25] 公共场所卫生检验方法 第2部分:化学污染物:GB/T 18204.2—2014[S].北京:中国标准出版社,2014.
[26] 车内挥发性有机物和醛酮类物质采样测定方法:HJ/T 400—2007[S].北京.中国环境科学出版社,2007.
[27] 王东哲.全球挥发性有机化合物定义解析[J].现代涂料与涂装,2015,18(9):33-36.
[28] 胡中源,顾煜澄,孙利萍,等.国内标准中挥发性有机化合物的定义解析[J].电镀与涂饰,2018,37(14):644-651.
[29] 吕丽华,王征宇.《有机化合物的分类》课堂实录与评析[J].广西教育(教育时政),2018(1):66-68.
[30] 柳领君,魏全伟.室内总挥发性有机化合物污染与人体健康[C]//河北省环境科学学会环境与健康论坛暨2008年学术年会论文集,2008:313-317.
[31] 室内装饰装修材料胶粘剂中有害物质限量:GB 18583—2008[S].北京:中国标准出版社,2008.
[32] 室内装饰装修材料水性木器涂料中有害物质限量:GB 24410—2009[S].北京:中国标准出版社,2009.
[33] 人造板及饰面人造板理化性能试验方法:GB/T 17657—2013[S].北京:中国标准出版社,2013.
[34] 室内装饰装修材料聚氯乙烯卷材地板中有害物质限量:GB 18586—2001[S].北京:中国标准出版社,2001.
[35] 胶粘剂挥发性有机化合物限量:GB 33372—2020[S].北京:中国标准出版

社,2020.

[36] 色漆和清漆挥发性有机化合物(VOC)含量的测定差值法:GB/T 23985—2009[S]. 北京:中国标准出版社,2009.

[37] 色漆和清漆挥发性有机化合物(VOC)含量的测定气相色谱法:GB/T 23986—2009[S]. 北京:中国标准出版社,2009.

[38] 涂料中苯、甲苯、乙苯和二甲苯含量的测定气相色谱法:GB/T 23990—2009[S]. 北京:中国标准出版社,2009.

[39] 色漆和清漆用漆基异氰酸酯树脂中二异氰酸酯单体的测定:GB/T 18446—2009[S]. 北京:中国标准出版社,2009.

[40] 涂料中氯代烃含量的测定气相色谱法:GB/T 23992—2009[S]. 北京:中国标准出版社,2009.

[41] 水性涂料表面活性剂的测定烷基酚聚氧乙烯醚:GB/T 31414—2015[S]. 北京:中国标准出版社,2015.

[42] 涂料中有害元素总含量的测定:GB/T 30647—2014[S]. 北京:中国标准出版社,2014.

[43] 纺织品甲醛的测定 第1部分:游离和水解的甲醛(水萃取法):GB/T 2912.1—2009[S]. 北京:中国标准出版社,2009.

[44] 室内装饰装修材料地毯、地毯衬垫及地毯胶粘剂有害物质释放限量:GB 18587—2001[S]. 北京:中国标准出版社,2001.

[45] 张文忠,武彤,夏东伟,等. 轨道交通装备产品中有害物质的现状分析及管控建议[J]. 城市轨道交通研究,2017,20(12):10-13.

[46] 化学品安全技术说明书内容和项目顺序:GB/T 16483—2008[S]. 北京:中国标准出版社,2008.

[47] 化学品安全技术说明书编写指南:GB/T 17519—2013[S]. 北京:中国标准出版社,2013.

[48] 李人哲,钟源,关玲玲. 轨道交通车辆用聚氨酯弹性胶 TVOC 散发速率研究[J]. 聚氨酯工业,2020,35(5):45-48.

[49] 李人哲,钟源,关玲玲. 轨道交通车辆用聚氨酯弹性胶黏剂 TVOC 综合评价方法研究[J]. 聚氨酯工业,2021,36(5):45-48.

[50] 李人哲,钟源,窦阿波. 轨道交通用单组分 PU 发泡胶 VOC 的测定[J]. 聚氨酯工业,2020,35(5):42-44.

[51] WANG C, YANG X D, GUAN J, et al. Source apportionment of volatile organic compounds (VOCs) in aircraft cabins[J]. Building and Environment, 2014, 81

(Nov.):1-6.

[52] WANG H M, XIONG J Y, WEI W J. Measurement methods and impact factors for the key parameters of VOC/SVOC emissions from materials in indoor and vehicular environments: A review [J]. Environment International, 2022, 168:107451.

[53] YAN W, ZHANG Y P, WANG X K. Simulation Of VOC Emissions From Building Materials By Using The State-space Method [J]. Building and environment, 2009, 44(3):471-478.

[54] 李人哲,钟源,关玲玲.轨道车辆车内空气挥发性有机物溯源研究[J].工业安全与环保,2020,46(12):79-83.

[55] 李人哲,钟源,关玲玲,等.动车组司机室挥发性有机物污染水平研究[J].中国铁路,2021(4):92-97.

[56] 李人哲,钟源,张岩,等.一种轨道车辆内饰材料TVOC和甲醛的快速检测方法[J].分析仪器,2020(2):128-132.

[57] HUANG D D, GUO H Q. Relationships between odor properties and determination of odor concentration limits in odor impact criteria for poultry and dairy barns[J]. Science of the Total Environment, 2018, 630:1484-1491.

[58] 李人哲,钟源,窦阿波.轨道车辆用单组分聚氨酯发泡胶VOC散发及气味研究[J].聚氨酯工业,2020,35(3):47-50.

[59] 李人哲,钟源,关玲玲.轨道交通车辆用密封条异味分析研究[J].工业安全与环保,2022,48(1):81-84.

[60] 李人哲,钟源,关玲玲,等.某轨道车辆司机室整车及其内饰材料气味溯源研究[J].电力机车与城轨车辆,2019,42(6):44-47.

[61] 李人哲,钟源,关玲玲,等.嗅阈值在轨道车辆内饰材料气味溯源中的应用[J].中国科技纵横,2019(19):81-83.

[62] 钟源,李人哲,关玲玲.轨道车辆司机室操作台复合材料VOC和气味改善研究[J].环境与发展,2020,32(10):236-237.

[63] LI R Z, ZHONG Y, GUAN L L. Research on odor characteristics of typical odorants of railway vehicle products[J]. Environmental Science and Pollution Research, 2023, 30(32):78216-78228.

[64] 李人哲,钟源.欧洲轨道车辆产品禁限用物质管控研究[J].中国铁路,2021(1):132-136..

[65] 张伟,徐桂屏,李人哲,等.轨道交通车辆零部件产品CE RoHS符合性要求探讨

[J]. 中国铁路,2021(7):113-117.
[66] 李人哲. 轨道交通车辆零部件产品欧盟 CE 认证探讨[J]. 中国标准化,2023(17):229-234.
[67] 保护臭氧层维也纳公约[J]. 制冷学报,1990(3):38-41.
[68] OIAMO TH, LUGINAAH IN, BAXTER J. Cumulative effects of noise and odour annoyances on environmental and health related quality of life[J]. Social science and medicine,2015,146:191-203.
[69] JIM A. NICELL. Assessment And Regulation Of Odour Impacts[J]. Atmospheric environment,2009,43(1):196-206.
[70] 杨玉花,袭著革,晁福寰. 甲醛污染与人体健康研究进展[J]. 解放军预防医学杂志,2005,23(1):68-71.